湖北省公益学术著作出版专项资金资助项目
"十四五"时期国家重点出版物出版专项规划项目

中国城乡可持续建设文库
丛书主编　孟建民　李保峰

Urban Environmental Exposure
and Spatial Governance

城市环境暴露与空间治理研究

袁满　单卓然　著

http://press.hust.edu.cn
中国·武汉

图书在版编目(CIP)数据

城市环境暴露与空间治理研究 / 袁满, 单卓然著. -- 武汉 : 华中科技大学出版社, 2025.3. (中国城乡可持续建设文库). -- ISBN 978-7-5772-1625-6

Ⅰ. X321.2

中国国家版本馆CIP数据核字第2025NM1772号

城市环境暴露与空间治理研究

袁 满　单卓然　著

Chengshi Huanjing Baolu yu Kongjian Zhili Yanjiu

出版发行：	华中科技大学出版社（中国·武汉）	电话：	（027）81321913
地　　址：	武汉市东湖新技术开发区华工科技园	邮编：	430223

策划编辑：	金　紫	封面设计：	王　娜
责任编辑：	段亚萍	责任监印：	朱　玢

录　　排：华中科技大学惠友文印中心

印　　刷：武汉科源印刷设计有限公司

开　　本：710 mm×1000 mm　1/16

印　　张：14.25

字　　数：238千字

版　　次：2025年3月第1版第1次印刷

定　　价：168.00元

投稿邮箱：283018479@qq.com

本书若有印装质量问题，请向出版社营销中心调换

全国免费服务热线：400-6679-118　竭诚为您服务

版权所有　侵权必究

作者简介

袁　满　博士，华中科技大学建筑与城市规划学院副教授，注册城乡规划师，入选武汉英才（城市建设领域）计划。主持国家自然科学基金项目、教育部人文社科项目、中国博士后科学基金项目、国家重点研发计划子课题等项目。近年来，参与湖北省国土空间规划、武汉城市圈空间规划等省级重点规划项目，获得多项全国及湖北省优秀城乡规划设计奖。

单卓然　华中科技大学建筑与城市规划学院副院长，教授，博士生导师，华盛顿大学访问学者，注册城乡规划师。入选自然资源部高层次科技创新人才工程，担任湖北省青联委员、教育部国土空间规划基础课程群虚拟教研室秘书长、湖北省国土空间低碳生态智能规划研究中心主任，是华中科技大学"青年五四奖章"获得者。主持2项国家自然科学基金项目、7项省部级纵向课题。发表期刊论文90余篇，出版著作、教材4部，是10余种核心期刊审稿专家。

湖北省社科基金后期资助项目：HBSKJJ20233237

前　言

本书对城市环境暴露的理论基础、实证案例和空间治理策略进行深入探讨，旨在提供对城市环境暴露问题的空间治理方案。中国在过去的40年间经历了快速的城市化过程以及经济发展阶段，同时也产生了各种环境污染问题，包括空气污染、水污染、噪声污染、土壤污染、工业废弃物污染等，严重影响人民健康和城市可持续发展。城市环境暴露研究理论探讨人群在不同地理环境中的环境污染暴露途径、暴露水平及健康效应，已成为地理、城市规划及公共卫生等学科共同的焦点。要提升我国城市空间治理水平，降低城市环境暴露引发的健康风险，就需要详细调查和分析我国城市环境暴露与空间治理问题，通过实证数据和案例进行问题诊断与机制解释，为城市规划和环境管理提供实践指导，为决策者提供科学依据。

本书基于武汉市案例研究，以探寻环境暴露的规律以及有效的空间治理策略为研究目标，以遥感影像数据和基础地理信息数据作为数据支撑，利用空间分析和数理统计分析，运用模糊综合评价、地理加权回归模型、聚类分析和GIS空间分析等方法，分析了热岛效应、空气污染、轨道交通、社区生活圈等不同类型城市环境暴露特征及其原因和影响，并遵循城市空间治理的基本原则，从空间布局、蓝绿网络、服务设施和健康生活圈等视角提出了空间规划策略，旨在提高城市的抗灾能力和适应能力，促进城市环境的可持续发展，为读者提供实证基础和借鉴。

例如，本书在城市热岛研究中，发现热岛暴露受到建筑覆盖、植被覆盖、水体覆盖、建筑密度和建筑形体系数的影响，呈现出高风险区多轴向延展、低风险区沿江环水的空间格局，要针对不同地理区位特点开展差异空间优化，缓解热岛效应。在地铁与空气质量关系研究中，发现地铁对沿线空气质量的影响存在空间异质性，空气质量受到地铁沿线建成环境的配置与空间布局的影响。在低密度城区，交通替代效应大于交通创造效应，有助于改善空气质量，而高密度城区的交通创造效应超过交通替代效应，反而加剧了空气污染。因此可根据地铁沿线密度选择差异化的开发模式，合理引导中心城区降低人口密度，不宜片面追求沿线高密度开发模式。

本书从城市空间治理角度来认识和处理环境暴露问题，符合"健康中国"战略要求，充分体现规划的人民性，并能通过具体的规划设计方案或建议，增强其可实施性。本书研究对象涵盖多种暴露风险。城市中多种环境暴露风险往往并存且交织，受到多种建成环境要素的混合叠加作用，单一要素、片段式的研究结论未能形成综合性的环境暴露影响机制。本书将空气污染、热岛效应等置于同一框架中，创新提出缓解多重环境暴露风险的城市空间优化策略。

在本书编写过程中，以下研究生承担了数据收集、计算分析、图表绘制等方面的工作，在此一并表示感谢：张清俞（第1章、第5章）、李尚卉（第1章、第2章）、徐蕾（第2章）、李鸿飞（第3章）、林慧珍（第3章、第4章）、严明瑞（第4章）、潘浩澜（第5章）、姜浩（第5章）。

目 录

1 理论基础与研究综述
1.1 高温灾害暴露　　002
1.2 空气污染环境暴露　　005
1.3 轨道交通与环境暴露　　010
1.4 社区生活圈与空间治理　　012

2 高温灾害暴露
2.1 高温灾害暴露数据与模型　　024
2.2 社区高温灾害暴露风险评估　　025
2.3 高温灾害暴露影响机制　　045
2.4 空间治理策略　　063

3 空气污染暴露风险
3.1 空气污染暴露数据与模型　　072
3.2 $PM_{2.5}$污染暴露的街区空间格局　　075
3.3 $PM_{2.5}$污染暴露的社区人群分异　　098
3.4 空间治理策略　　115

4 轨道交通与环境暴露
4.1 轨道交通数据与模型　　124

4.2	TOD 指标体系	126
4.3	轨道交通的影响评估	148
4.4	空间治理策略	166

5 社区生活圈的评估与优化

5.1	社区生活圈数据与模型	178
5.2	社区生活圈的影响机理	179
5.3	社区生活圈评价模型	188
5.4	空间治理策略	210

理论基础与研究综述

1.1 高温灾害暴露

1.1.1 高温灾害风险影响

工业化和城市化快速推进的必然结果是全球气候变暖,城市热环境恶化加剧,而伴随着城市热岛效应的是极端高温事件频发,高温灾害使得城市居民及其生活生产环境的安全健康遭受严峻的考验。学术界通过高温灾害风险评估研究对高温灾害进行合理预判,以期及时规避高温灾害发生所带来的损失。

灾害风险评估是指结合特定工程评估范式,对具有灾害风险的系统在当下或日后发生风险的可能性和造成的后果进行综合评估和预估损失,以期为防范灾害发生制定预警机制和措施提供理论支撑和实践依据[①]。高温灾害风险评估隶属于自然灾害风险评估系统,但逐渐从其中分离出来。

在国外,早在20世纪30年代初,学术界便开始关注自然灾害风险评估的相关研究。至20世纪70年代,自然灾害风险评估已逐步从定性分析向定量、定性定量相结合的分析方式发生转变。而国内自然灾害风险评估起步较晚,20世纪90年代初才在国内学术界掀起研究浪潮。基于风险灾害研究的不断深入,一些学者开始利用遥感技术结合地理信息数据,从理论体系研究转向评估模型研究。

自然灾害风险评估研究推动了高温灾害风险评估研究的展开,早期高温灾害风险评估指标多集中于日最高气温和高温持续时间。针对高温灾害风险评估指标体系构建,多数研究采用层次分析法。

1.1.2 建成环境影响因素

通常来说,建成环境主要是指那些能够通过策略或社会行动所更改的环境,是相对于自然环境而言的一种由人工所建设的空间环境,包括人为营造的建筑物或者空间场所。从城市规划的视角出发,建成环境即城市规划环境,是基于单个物质环境要素进行整合叠加的综合环境,由土地利用、交通系统和城市设计等相关要素组成。评估建成环境的指标有很多,主要包括建筑密度和容积率、土地混合利用、建

---

① 王迎春,郑大玮,李青春. 城市气象灾害[M]. 北京:气象出版社,2009.

筑组合形态、景观空间布局、地表覆盖等。社区作为城市的基本单元，其建成环境要素对热环境变化和居民健康水平都具有显著影响，可以将其归纳为地表覆盖、建设强度和建筑组合三个要素类别。

1. 地表覆盖

已有文献表明，地表覆盖类型变化会对城市热环境产生广泛影响，尤其是地表温度上升[①]。地表覆盖根据不同的下垫面可分为五种类型，包括建筑覆盖、硬化地表覆盖、裸露地表覆盖、植被覆盖和水体覆盖，这些类型对地表温度的影响差异明显。

2. 建设强度

城市建设开发是城市地表温度上升的主要贡献因素之一，其潜在地改变太阳辐射的反射和吸收，以及城市区域内热量的扩散，而建设强度指标主要包括容积率和建筑密度。

3. 建筑组合

既有文献很大程度上并未严格区分建设强度和建筑组合的差异，但建筑群体与城市下垫面的三维构形的改变是地表温度上升的一大重要影响因素，包括建筑形体系数和用地混合度。基于传热学原理，建筑形体系数的增加对局部高密度区的通风散热能力提升具有积极作用[②]，该指标通过建筑物或构筑物的总外表面积与总体积的比值关系来反映建筑群体受外界自然风和阳光辐射影响的程度。同时，不同的建设用地类型对地表温度的影响具有显著差异[③]，因而用地混合度的差异在一定程度上也会影响地表温度的变化，且用地混合度可以从二维角度反映一定区域内的建筑组合涵盖类型的复杂程度。

近年来，对于地表温度的建成环境影响因素研究已经建立了多种路径，定量分析成为主流，如采用全局回归模型、多元线性统计模型等进行定量分析。随着研究的不断深入，越来越多的学者开始运用地理加权回归模型来解析地表温度的影

[①] Jusuf S K, Wong N H, Hagen E, et al.The influence of land use on the urban heat island in Singapore[J]. Habitat International, 2007, 31（2）：232-242.
[②] 陈宏，李保峰，张卫宁.城市微气候调节与街区形态要素的相关性研究[J].城市建筑, 2015（31）：41-43.
[③] 梁颢严.城市控制性详细规划热环境影响因子及评价模型研究[D].广州：华南理工大学, 2018.

响机制。

1.1.3 建成环境优化策略

通过对国内外减缓城市高温灾害的相关研究进行整理和分析，从城市建成环境优化的角度梳理总结应对高温灾害的行动领域，主要包括土地利用类型、城市空间结构、绿化景观布局、建筑组合设计等四个方面。

1. 土地利用类型

城市热环境与土地利用类型之间关系紧密，由于城市化的快速发展，城市建设用地扩张，不透水面大量取代了原本的自然下垫面，这是产生城市高温灾害的起因。硬质铺装覆盖了自然地表，不透水面减少了热反射，建筑密集阻碍了城市通风散热等都会导致城市高温灾害的形成。基于土地利用类型的建成环境优化路径[①]包括：①控制城市扩张规模，避免无序扩张而造成城市通风受阻和人为排热增加；②合理规划蓝绿空间，加强空间管制，在满足规定的基础上尽量增加水域面积和植被覆盖；③提倡集约用地，充分考虑未来发展并适当规划预留用地。

2. 城市空间结构

城市空间结构的合理调整有利于构建城市通风廊道体系，促使城市外部冷空气顺利进入城市内部，从而提升城市内部的散热降温能力，以期降低城市高温灾害发生的概率[②]。依据城市空间结构的建成环境优化路径[③]包括：①对城市建设刚性指标进行严格管控，如建筑密度、建筑高度和容积率等；②构建利于自然通风的城市空间结构，提倡紧凑高效的城市空间布局，有意识地为城市通风廊道预留空间。

3. 绿化景观布局

城市绿化景观通常包括植被和水体，通过蒸腾和蒸发作用，使城市植被、水体和空间三者之间不断进行热交换和热散发，具有显著的"冷岛效应"，对城市高温灾害具有明显的缓解作用。基于绿化景观布局的建成环境优化路径包括：①构建

---

① 韩贵锋, 陈明春, 曾卫, 等. 城市高温灾害的规划应对研究进展 [J]. 西部人居环境学刊, 2018, 33（2）: 77-84.

② Kantzioura A, Kosmopoulos P, Zoras S.Urban surface temperature and microclimate measurements in Thessaloniki[J].Energy and Buildings, 2012, 44（1）: 63-72.

③ 薛瑾. 城市热岛产生的空间机理与规划缓减对策 [D]. 杭州: 浙江大学, 2008.

"斑块—廊道—基质"的城市绿色网络系统，完善城市生态景观格局；②提高城市植被覆盖占比，强化城市绿化立体化建设；③增加城市生态绿色基础设施，连通城市开敞空间，加强生态环境保护。

4. 建筑组合设计

城市建成环境的主体是建筑，建筑对城市空间形态起到决定性作用，尤其对城市热环境的影响显著。城市建筑在建造和使用过程中不仅大量消耗能源，而且会通过排放二氧化碳产生大量人为热。合理的城市建筑设计和布局可以节能减碳和形成良好的通风环境，从而有效缓解城市高温灾害。基于建筑组合设计的建成环境优化路径包括：①构建城市绿色建筑设计准则，规定绿色建筑节能标准；②合理控制城市建筑布局、形体、高度、朝向，尽量减少不必要的大体量低层建筑，结合城市主导风向合理布局高层建筑；③规划设计中多考虑建筑屋顶绿化，提升建筑顶层隔热性能，并通过吸收二氧化碳降低建筑碳排放量。

1.2 空气污染环境暴露

1.2.1 区域层面空气污染与健康

在过去的40年间，中国经历了快速的城镇化过程和经济发展阶段，GDP年增长速率接近10%。然而，快速的城镇化建设造成了土地资源的紧张、生态环境的严重退化以及资源消耗巨幅增加。伴随而来的还有各种环境污染问题。在各项环境污染问题之中，城市空气污染问题与城镇化发展之间的矛盾日益尖锐复杂，已经成为危害居民健康的重大环境问题之一。

宏观区域层面的环境污染与健康研究主要以国家、区域为研究单元，从宏观层面研究环境污染及人群暴露风险的时空演变过程，探究不同环境污染对居民健康的影响[1]。在环境污染及人群暴露风险的时空演变过程研究中，多以年、季度、月为时

---

[1] 马静，柴彦威，符婷婷. 居民时空行为与环境污染暴露对健康影响的研究进展[J]. 地理科学进展，2017，36（10）：1260-1269.

间单位，探究环境污染浓度、空间分布和人口暴露风险的差异及这种差异随时间变化的特征。在不同环境因素对居民健康影响的研究中，相关证据表明，暴露于O_3、NO_2、CO、SO_2及细颗粒物如$PM_{2.5}$、PM_{10}会引发相关的疾病。而在这些空气污染物中，细颗粒物如$PM_{2.5}$危害最大，与疾病之间的关系最为显著[①]。现有研究证实了暴露于$PM_{2.5}$与心血管疾病、呼吸系统疾病、死亡率之间的紧密联系。

在宏观区域层面，环境污染与健康风险之间的研究较多基于居住地或行政单元等地理背景，使用静态人口分布如人口普查数据和长时间空气污染浓度的均值，测度居民空气污染暴露风险，没有考虑居民日常活动的空间迁移及空气污染浓度的时空动态变化。这种静态的方法在评估过程中引入了潜在的偏差，并不能准确地反映真实的居民空气污染暴露风险。

1.2.2 空气污染暴露测度方法

空气污染暴露是指人群在一段时间内直接与一定浓度空气污染物的接触程度。根据已有的文献，空气污染暴露测度主要有四种方法，包括邻近性模型、大气扩散模型、插值模型和回归模型[②]。

1. 邻近性模型

邻近性模型是一种基于距离定性判断个人或者空间单元是否暴露于污染源影响的方法。评估过程主要是以污染源为中心，向外扩展一定的距离，在该距离范围内，则判定研究对象暴露于污染源影响，反之，没有暴露于污染源影响，进而对比两种状态下的社会经济和人口特征。

2. 大气扩散模型

大气扩散模型是通过模拟空气污染物的输送、扩散、迁移的过程，综合考虑污染源、当地气候和下垫面情况建立的空气污染物浓度测度模型。该方法测度的空气污染物浓度与实际浓度十分接近，因此在空气污染暴露评估中应用广泛。

[①] 阚海东，陈秉衡. 我国大气颗粒物暴露与人群健康效应的关系 [J]. 环境与健康杂志，2002，19（6）：422-424.

[②] David B.The role of GIS: coping with space （and time） in air pollution exposure assessment[J].Journal of Toxicology and Environmental Health, Part A, 2005, 68（13-14）: 1243-1261.

3. 插值模型

插值模型是以插值点与样本点之间的空间关系为计算依据，通过有限样本点处的取值，计算插值点处近似值的方法。插值模型主要分为确定性插值和非确定性插值（地统计插值）。其中，确定性插值主要包括反距离加权插值、局部多项式插值、径向基函数插值、全局多项式插值等。非确定性插值主要包括简单克里金插值、泛克里金插值、系统克里金插值等[①]。插值模型计算方法简单、适用性强，因此在空气污染浓度模拟中应用广泛。

4. 回归模型

回归模型是指根据已知空间单元的因变量和自变量，构建回归方程，进而测算其他已知自变量空间单元的因变量值的方法。在空气污染暴露测度中，通常以监测站点的空气污染监测数据为因变量，以监测站周边与污染物浓度相关的地理变量为自变量，构建回归方程，寻找因变量和自变量之间的关系，进而测算其他区域污染物浓度。该方法主要分为土地利用回归模型，以及以气溶胶光学厚度数据为主要自变量，综合周边气象数据、土地利用、人口密度、交通流量等地理相关变量而建立的回归模型，如广义相加模型、地理加权回归模型和时空地理加权回归模型等。该模型因具有高分辨率的模拟精度以及较强的区域实用性而得到了广泛的应用。

总的来说，邻近性模型是一种根据距离判断空间或者个人是否暴露于污染源影响的定性方法，不适用于研究全区域尺度的空气污染暴露。大气扩散模型是在不同的假定条件下建立起来的，只适用于一定的范围，不适用于环境差异较大的区域研究。插值模型以插值点与样本点的空间关系为计算依据，忽略了地理环境的差异性，同时，该方法对样本点数量要求较高，在样本点数量较少的情况下，估算结果偏差较大。相对而言，回归模型综合考虑了地理环境的差异性，精度更高、适用性更强。

1.2.3 降低空气污染的策略

降低空气污染暴露风险主要是减少空气污染及其对人体的影响[②]。其中减少空气

[①] 易湘生，李国胜，尹衍雨，等.土壤厚度的空间插值方法比较——以青海三江源地区为例 [J]. 地理研究，2012，31（10）：1793-1805.

[②] 王兰，廖舒文，赵晓菁.健康城市规划路径与要素辨析 [J]. 国际城市规划，2016，31（4）：4-9.

污染是指通过控制污染源如机动车尾气和工业排放降低空气中颗粒物的浓度。减少空气污染对人体的影响是指通过采取隔离、吸收、引导排放等措施，避免空气污染物扩散至人群集聚的空间，从而降低居民空气污染暴露水平。城市建成环境要素可以在一定程度上影响空气污染浓度的分布，现有研究已经证实了空间结构和城市形态[1]，开发强度[2]，不同的土地使用性质[3]，街区肌理与街谷空间形态[4]，绿地、水体与开放空间[5]，机动车流量和交通节点[6]等对空气污染浓度及其分布均有影响。合理优化城市建成环境，有助于降低空气污染浓度，减少空气污染危害。现有建成环境优化策略主要有以下几个方面。

1. 土地使用

降低空气污染暴露风险的建成环境影响因素在土地使用方面可以划分为土地使用类型、土地利用混合度和开发强度。土地使用类型中，工业用地、交通用地、市政设施用地（垃圾转运站、污水处理厂、垃圾焚烧厂等）和物流仓储用地（物流配送中心）具有较高的空气污染风险，其用地布置应避开人口聚集地区，或者通过设置防护绿地，降低空气污染对人群的影响。适当的土地利用混合度能够丰富空间单元内的用地功能配置，在较小的空间单元内满足居民的生活需求，从而减小居民的出行距离和机动车使用频率，降低机动车污染排放量和居民的出行暴露水平。适当的开发强度配合较高的土地利用混合度可以减小居民的机动化出行概率和距离，从而降低居民出行的碳排放总量。

2. 街区空间形态

降低空气污染暴露风险的建成环境影响因素在街区空间形态方面可以划分为

---

[1] 张纯，张世秋. 大都市圈的城市形态与空气质量研究综述：关系识别和分析框架 [J]. 城市发展研究，2014，21（9）：47-53.

[2] 于静，张志伟，蔡文婷. 城市规划与空气质量关系研究 [J]. 城市规划，2011，35（12）：51-56.

[3] 杨冠玲，何振江，韩鹏，等. 广州市居住环境上空悬浮颗粒物分布的信息分析研究 [J]. 光电子技术与信息，2002，15（2）：9-13.

[4] 王纪武，张晨，冯余军. 街谷空气污染研究评述及城市规划应对框架 [J]. 城市发展研究，2012，19（5）：82-87.

[5] 孙淑萍，古润泽，张晶. 北京城区不同绿化覆盖率和绿地类型与空气中可吸入颗粒物（PM_{10}）[J]. 中国园林，2004，20（3）：77-79.

[6] 侯芳，赵文慧，李志忠，等. 北京市城区不同等级道路网对可吸入颗粒物的浓度影响研究 [J]. 测绘科学，2012，37（5）：135-137.

街区肌理形态和街道空间几何形态[1]。两者的作用机制相似，均是通过不同的空间形态影响街区的微气候如风环境，进而对空气污染物的扩散产生影响。在街区肌理形态方面，容积率、建筑密度、建筑高度、建筑群整合度和离散度是影响街区微气候的主要因素。在街道空间几何形态方面，街道长宽比、高宽比、两侧建筑高度比等空间形态对街道内部气流场影响较大，进而影响了空气污染物的扩散[2]。

3. 道路交通

降低空气污染暴露风险的建成环境影响因素在道路交通方面，主要是通过控制机动车污染物排放和建设慢行系统来降低居民空气污染暴露风险。合理规划交通路网，发展紧凑、多核的城市空间有助于减小居民机动车使用频率和出行距离，降低居民空气污染暴露风险[3]。同时，倡导慢行交通也是降低交通污染的重要方式之一。良好的城市慢行系统有助于提高居民对步行、自行车等交通模式的使用意愿和频率，不仅可以降低空气污染浓度，也对居民的健康有正向积极的作用。但是，如果慢行系统距离主要交通道路或工业污染源过近，在户外无防护的环境下，居民将承受更高的空气污染暴露风险。因此，在规划慢行系统时，应与城市污染源保持安全距离，做好防护降污设计，从而发挥慢行系统的健康效应。

4. 绿地与开放空间

在绿地与开放空间方面，降低空气污染暴露风险的建成环境影响因素在城市尺度表现为构建绿地系统，降低空气污染浓度；在街区尺度表现为合理规划公园绿地用地规模、空间布局、植物配置，降低空气污染浓度。城市绿地系统不仅是空气污染消化吸收的主要载体，也是城市重要的通风廊道。因此，其规划设计应结合城市主导风向开展，从而引入郊区的新鲜空气，疏散城区的空气污染物。在街区尺度下，相关研究证明，公园绿地规模越大，对空气污染的消减效果越好，影响距离也

---

[1] 王兰，廖舒文，赵晓菁. 健康城市规划路径与要素辨析 [J]. 国际城市规划，2016，31（4）：4-9.
[2] 王纪武，王炜. 城市街道峡谷空间形态及其污染物扩散研究——以杭州市中山路为例 [J]. 城市规划，2010，34（12）：57-63.
[3] Yuan M, Song Y, Hong S, et al. Evaluating the effects of compact growth on air quality in already-high-density cities with an integrated land use-transport-emission model: A case study of Xiamen, China[J]. Habitat International, 2017, 69: 37-47.

越远①。在绿地的布局上，系统化集中布局不仅能够最大限度地吸收空气污染物，更有助于形成城市通风廊道，对空气污染物进行疏散②。

1.3 轨道交通与环境暴露

1.3.1 基于绿色发展的 TOD 模式

1. 传统TOD模式的应用研究

传统的TOD模式是针对蔓延式郊区化发展而提出的一种改良方案和大胆假设，其重点在于房地产开发及土地利用与交通的协调发展③。我国自2000年后开始系统研究TOD模式，对TOD理念中国化及在城市规划中的实践应用开展广泛研究。郑明远（2006）系统阐述了TOD的理论架构、关键因素，以国外的TOD成功案例提出了TOD是统筹公共交通与城市土地使用协调发展的新思路，其实质内涵为紧凑、适合步行和以人为本，既可指导新建区的规划建设，也可用于旧城区的更新④。赵芳兰（2015）以昆明首期轨道交通站点周边地区为例，评价其现状交通衔接方式、开发容量及城市空间设计，并结合香港的成功案例提出缩短公交车站距离、分圈层确定开发容量、建筑高度梯度分布等城市设计原则和方格网路网格局的TOD规划模型⑤。

2. 绿色生态理念的TOD模式研究

学术界对绿色TOD的探讨相对较晚，其理论体系及实践应用有待完善。国内围绕绿色TOD的研究较为滞后，学者们主要聚焦于TOD概念的进一步拓展，从步行环境、土地利用、交通组织等多个维度，基于可持续发展与健康城市理念对TOD模式

---

① 余梓木.基于遥感和GIS的城市颗粒物污染分布初步研究和探讨[D].南京：南京气象学院，2004.
② 肖玉，王硕，李娜，等.北京城市绿地对大气$PM_{2.5}$的削减作用[J].资源科学，2015，37（06）：1149-1155.
③ 李珽，史懿亭，符文颖.TOD概念的发展及其中国化[J].国际城市规划，2015，30（3）：72-77.
④ 郑明远.轨道交通时代的城市开发[M].北京：中国铁道出版社，2006.
⑤ 赵芳兰.基于TOD理念的昆明首期轨道交通站点周边地区城市设计实证研究[D].昆明：昆明理工大学，2015.

进行补充优化[①]。

1.3.2 轨道交通与空气质量

1. 轨道交通影响空气质量的相关因素研究

随着有关学科研究的进展，人们发现空气污染并非仅仅是工业生产、汽车尾气等单要素的影响结果，土地综合利用、城市空间形态、绿地空间及道路交通等对城市空气质量具有重要影响。城市轨道交通的建设，对沿线的城市用地结构与布局及交通方式均有比较大的影响。轨道交通对空气质量的影响，主要是通过城市土地使用与道路交通间接作用于大气环境。建成环境作为轨道交通TOD模式的核心要素，同样也是影响空气质量的重要因素。

2. 轨道交通对空气质量影响的定量评估研究

在经济学领域，大量研究尝试通过政策评估等计量模型，量化分析公共交通对交通拥堵及空气质量的影响。但Beaudoin等（2015）通过梳理相关研究，发现学术界对轨道交通与空气质量之间关系的认识仍存在一定分歧[②]。目前关于轨道交通与城市空气质量的关系存在两种观点，其中大多数研究认为机动车尾气是城市空气污染的主要来源，机动车的快速发展与普及导致大气环境恶化，对居民的身体健康产生危害。该类研究基于轨道交通这一绿色交通设施对机动车的补充替代，假定其能够改善空气质量而展开探究。但是，部分研究在评估轨道交通对空气污染的影响中，发现轨道交通并未明显改善空气质量，甚至在某些特定情况下加剧了局部地区的空气污染。

以上研究结论产生分歧的原因可以归结于公共交通对空气质量影响的两种理论，即Mohring（1972）所提出的交通转移理论和Vickrey（1969）所提出的交通创造理论。交通转移理论认为轨道交通改变了居民的出行方式，确保低污染的绿色交通作为居民出行的主要方式，从而减少路面汽车流量，在改善道路拥堵的同时降低汽车尾气污染物的排放量。在交通出行总量基本不变的前提下，轨道交通等大容量

---

① 陈嫄.生态城市视角下的TOD模式研究——以苏州市为例[D].合肥：合肥工业大学，2016.
② Beaudoin J, Farzin Y H, Lawell C Y C L.Public transit investment and sustainable transportation: A review of studies of transit's impact on traffic congestion and air quality[J].Research in Transportation Economics, 2015, 52: 15-22.

快速交通方式提升了公共交通的便利性，其准时性和效率也高于汽车，因而人们会选择性价比更高的轨道交通，机动车交通量将随之减少。同时，轨道交通串联了原本距离较远的不同城市地区，优化了城市空间结构[1]，有利于减少城市交通堵塞。从这一点看，轨道交通开通能在一定程度上减少机动车出行，改善沿线空气质量。交通创造理论则认为轨道交通对空气质量的改善较为有限，甚至加剧了局部地区的空气污染。由于轨道交通增强了城市边缘与中心的联系，促使人们由市中心转移至城市近郊居住，从而产生更多的出行需求以及更远的通勤距离。根据交通经济学领域的当斯定律，在不进行交通管控的情况下，更多的道路会导致更多的驾驶者，交通设施供应的增加会带来额外的交通量，交通需求总是超过交通供给[2]。在交通需求增长的情况下，拥挤的地铁会降低乘客出行的舒适性和便捷性，且相对于城市边缘区而言，中心区交通网络通达性受地铁影响的改善较小[3]。因此，轨道交通开通也可能创造出更多的交通量，进而导致其周边地区空气污染加剧。

1.4　社区生活圈与空间治理

1.4.1　生活圈的优化研究

1. 生活圈概念的起源与发展

生活圈这一概念最早起源于日本，之后在韩国、欧美等地被广泛应用，近年来中国也引入了生活圈的规划理念，并开展了大量研究与实践，涵盖了社区、城市、区域等多种尺度。

1965年，日本政府推行综合开发规划，"广域生活圈"的概念被提出，其主要

---

[1] 邱云舟,李颖慧,欧阳长城.城市轨道交通线网线路敷设方式研究[J].城市轨道交通研究,2006,9(7):40-43.

[2] Ding C, Song S.Traffic paradoxes and economic solutions[J].Journal of Urban Management, 2012, 1(1):63-76.

[3] 李志,周生路,吴绍华,等.南京地铁对城市公共交通网络通达性的影响及地价增值响应[J].地理学报,2014,69(2):255-267.

目的是在城镇化的过程中，提高中心城市的核心功能，推动交通发展，重新配置资源，打造城市级别的生活圈，对国土空间进行再次规划。1969年，日本实施了"广域市町村圈"规划，建设省提出了"地方生活圈"，国土厅提出了"定住圈"的概念，以期改善城乡人居环境。定住圈根据居民的需求，以及居民工作、求学、购物、看病、餐饮、娱乐等日常活动，把日常生活中访问到的区域划定为空间规划单元。

在日本的影响下，韩国为了协调城乡建设、促进中心城市发展，在全国国土综合开发规划中，按照城市的等级结构，将生活圈划分为大都市生活圈、地方都市圈、乡村城市生活圈，并分别制定开发策略。在第三版全国国土综合开发规划与首尔都市圈重组规划中，韩国依据交通连接度、城市间联系频次、历史差异等因素，在仁川、京畿构建了10个独立的城市圈。在社区生活圈方面，韩国原有的街区划分依据大多为城市街道，但在20世纪80年代后，韩国借鉴日本的"分级"理论，将组团、小区、居住区依次规划为小、中、大生活圈，生活圈内部通过步行绿道进行连接，实现社区的内外联系，同时也构成了社区内部的生态系统，各类服务设施在不同社区内交叉布局，互相共享。

2. 生活圈测度与划定方法

根据自然资源部于2020年发布的《市级国土空间总体规划编制指南（试行）》，生活圈主要可以划分为都市生活圈、城镇生活圈、社区生活圈等。除去依照行政边界或规划单元边界划定生活圈以外，目前生活圈范围测度主要有七种方法[①]，包括结晶生长算法、标准差椭圆法、最小凸多边形、k-means空间聚类、Alpha-shape法、累计出行时长法、累计出行次数法（见表1-1）。

表1-1 生活圈范围测度方法

测度方法	主要特点	研究作者
结晶生长算法	利用GPS设备，考虑空间地理背景，较为精准	柴彦威
标准差椭圆法	利用居民访问日常活动点的频率构建，可操作性强	Yin L、申悦

---

① 赵鹏军，罗佳，胡昊宇. 基于大数据的生活圈范围与服务设施空间匹配研究——以北京为例 [J]. 地理科学进展，2021，40（4）：541-553.

续表

测度方法	主要特点	研究作者
最小凸多边形	利用居民访问日常活动点的频率构建，可操作性强	Rainham D
k-means 空间聚类	使用泰森多边形构建，但空间相互对立，非此即彼	季钰
Alpha-shape 法	能解决以往方法中存在的边界不交叉、空间范围大、参数难确定等问题	孙道胜
累计出行时长法	能够真实反映居民实际生活的各级圈层，但存在出行时长受交通工具、拥堵状况影响的问题	刘嬛
累计出行次数法	根据居民从居住地出发至其他各地累计出行的次数，划定居民生活圈的各级圈层	赵鹏军等

（来源：作者自绘）

1）结晶生长算法

结晶生长算法是一种基于GPS跟踪和环境情境生成个体活动空间的创新方法。为了缓解地理不确定性问题（uncertain geographic context problem），该方法利用便携式GPS设备精确追踪人类运动，并利用GIS技术将这些数据与相关环境背景的高分辨率数据联系起来[1]。GPS和GIS的整合为研究环境背景和健康结果之间的关系提供了一个有效的手段[2]。与其他的方法相比，为了解决空间的不确定性问题，活动空间的生成不仅要考虑人们基于GPS轨迹的实际日常活动模式，还要考虑限制或鼓励人们日常活动的环境背景。

2）标准差椭圆法

标准差椭圆（standard deviational ellipse，SDE）法是空间统计方法中能够精准解释空间活动的方法，最早由Lefever于1926年提出，用于揭示地理要素的空间分布特征[3]。标准差椭圆法的主要参数有中心、长轴、短轴、方位角等，通过空间分布椭圆定量描述研究对象的空间分布特征。在城市地理学研究中，多运用标准差椭圆来

---

[1] Kwan M.The uncertain geographic context problem[J].Annals of the American Association of Geographers, 2012, 102（5）：958-968.
[2] Ralph M, Cliona M N.Global positioning system: A new opportunity in physical activity measurement[J]. International Journal of Behavioral Nutrition and Physical Activity, 2009, 6（1）：73-80.
[3] 赵作权.地理空间分布整体统计研究进展[J].地理科学进展，2009, 28（1）：1-8.

表征居民的日常出行活动范围，即日常生活圈。

3）最小凸多边形

最小凸多边形（minimum convex polygons，MCP）是覆盖一组点的最小凸形。当已知居民的若干日常活动点时，使用ArcGIS中的ArcToolbox可以直接构建MCP。为了获取某区域内居民的生活圈，可以将若干居民出行活动的最小凸多边形重叠起来，并可以对重叠后的图形中各区域单元进行统计，计算该区域单元被居民访问的次数，以获取居民使用或访问某个区域单元的强度或频率，最终得到居民的日常生活圈[①]。

4）k-means空间聚类

聚类是指探索和挖掘数据中的潜在联系和差异，把相似的数据划分到一起，同一个类型的数据对象的相似性应尽可能大，同时不在同一个类型中的数据对象的差异性也应尽可能地大。常见的聚类方法有分割法、密度法、分层法等，k-means空间聚类由MacQueen提出，是分割法的一种，也是目前应用最为广泛的方法。

5）Alpha-shape法

有学者指出，标准差椭圆法、最小凸多边形等方法存在扩大空间范围等问题，因此，Alpha-shape法应运而生。首先，以半径为a的圆包绕点集a，用该轨迹采集点集轮廓。其次，根据Alpha-shape法的原理，将所有长度大于包绕点集的圆的直径的视线删除，筛选出有效视线。最后，剩余线段即为Alpha-shape的图形，其所包绕的范围即为居民日常生活圈的范围。

6）累计出行时长法

累计出行时长法是指统计居民从居住地出发至其他各地所累计花费的时间，由近到远，累计时长达到50%、80%、95%的距离分别定义为各层级生活圈。累计出行时长法可以真实反映居民实际生活的各级圈层。

7）累计出行次数法

累计出行时长法中的出行时长受交通工具、拥堵状况等多种因素影响，对规划的指导作用有限。鉴于此，赵鹏军等提出了累计出行次数法，根据居民生活性出行

---

① Yin L，Raja S，Li X，et al.Neighbourhood for playing: Using GPS, GIS and accelerometry to delineate areas within which youth are physically active[J].Urban Studies, 2013, 50（14）: 2922-2939.

次数来测度生活圈,即统计居民从居住地出发至其他各地所累计出行的次数,由近至远,以累计次数达到50%的出行距离作为居民生活圈的半径范围[1]。

3. 生活圈评价与优化研究

1）生活圈建成环境与公共服务评价

基于生活圈的建设宗旨及目的,学界开展了大量针对生活圈内建成环境与公共服务设施评价的相关研究。如杜伊等[2]梳理了上海市2035城市总体规划中的公共开放空间配置要求,研判了城市公共空间未来的发展需求,提炼了3个空间绩效指标,构建了基于总量、人均、空间覆盖率、人口覆盖率、邻近距离、空间可达率的评价体系,对上海市各社区生活圈的公共开放空间绩效水平进行了评价与讨论。魏伟等[3]基于城市人理论下的供需匹配原则,以武汉市中心城区为例,对武汉市中心城区典型人居空间进行了辨析,按照居民与服务设施的空间接触机会的评价方法,强调空间接触机会的"点"(空间布局)、"量"(人均供应)、"质"(服务水平),划定了武汉市489个15分钟社区生活圈,并通过供需匹配体系对生活圈提出了优化策略（见表1-2）。

表 1-2 15 分钟社区生活圈公共服务设施半径指标

项目类型	使用者理想服务半径/m	提供者理想服务半径/m	共识/m	国家标准/m	武汉市规划/m
幼儿园	230～395	300～450	300～395	≤300	—
小学	225～1000	792～1277	792～1000	≤500	老城区≤500；新城区500～1000
社区卫生服务中心	750～1050	800～1350	800～1050	≤1000	—

---

[1] 赵鹏军, 罗佳, 胡昊宇. 基于大数据的老年人生活圈及设施配置特征分析——以北京市为例[J]. 地理科学, 2022, 42（7）: 1176-1186.
[2] 杜伊, 金云峰. 社区生活圈的公共开放空间绩效研究——以上海市中心城区为例[J]. 现代城市研究, 2018, 33（5）: 101-108.
[3] 魏伟, 洪梦谣, 谢波. 基于供需匹配的武汉市15分钟生活圈划定与空间优化[J]. 规划师, 2019, 35（4）: 11-17.

续表

项目类型	使用者理想服务半径/m	提供者理想服务半径/m	共识/m	国家标准/m	武汉市规划/m
菜市场	470～758	500～1000	500～758	≤500	主城区≤500；新城区≤800
超市/便利店	290～600	375～800	375～600	≤300	800～1000
健身设施（公共球场或场馆）	375～788	500～1000	500～788	≤300	500～1000
文化活动站	300～740	500～1200	500～740	≤1000	—
社区服务中心	600～975	800～1225	800～975	≤1000	—
老年公寓/托老所	290～610	325～750	325～610	≤300	—
社区绿地/公共广场	375～600	350～500	350～600	—	—
地铁站点	338～660	500～1500	500～660	—	800
公交站点	188～338	300～1000	300～338	—	300

（来源：魏伟，洪梦谣，谢波. 基于供需匹配的武汉市15分钟生活圈划定与空间优化[J]. 规划师，2019，35（4）：11-17.）

2）生活圈治理提升与空间优化策略

结合近几年全国各城市生活圈规划建设的契机，相关学者对生活圈治理提升与空间优化进行了大量研究与探索。李萌[1]结合《上海市15分钟社区生活圈规划导则（试行）》的要求，通过调查上海居民行为特征与需求，得到了不同年龄人群步行行为、公共服务设施使用特征及需求，总结了社区空间供给与居民需求分异的问题，提出了开放活力、功能复合、服务精准、步行可达、绿色休闲五大规划对策。洪梦谣等[2]结合城市体检评估与城市更新等政策，选取了武汉市中心城区4个典型社

---

[1] 李萌. 基于居民行为需求特征的"15分钟社区生活圈"规划对策研究[J]. 城市规划学刊，2017（1）：111-118.
[2] 洪梦谣，魏伟，夏俊楠. 面向"体检—更新"的社区生活圈规划方法与实践[J]. 规划师，2022，38（8）：52-59.

区，以"城市人"理论为基础，提出了"体检—更新"相衔接的社区生活圈评估与规划方法。在体检层面，对公共服务设施与空间支撑系统分别进行了评估；在更新层面，针对每个社区因地制宜地提出了重点提升方向，建立了项目行动库，为社区生活圈更新提供了借鉴。

1.4.2 建成环境与居民健康

1. 社区生活圈与公众健康的紧密关系受到关注与重视

对公共健康的关注是推动城乡规划学科诞生与发展的主要动力之一。改革开放以来，我国城市化进程促进了人居环境品质的巨大提升，同时引发了交通拥堵、空气污染、水质恶化、热岛效应等诸多环境问题，呼吸道疾病、心血管疾病、糖尿病等慢性病患者随现代城市生活方式转变而逐渐增多，健康城市研究与健康规划实践再次成为城乡规划学科的焦点。国内外研究表明，建成环境与生物遗传、健康习惯、医疗保健、社会经济因素一样，与公众健康息息相关，而社区生活圈是城市居民一生中所处时间最长的场所。城乡规划决定着建成环境，能够从宏观区域层面上避免和防范灾害，在中观城市尺度上调节大气、水体、土壤环境，在微观社区层次上构建高品质人居环境、引领健康生活方式，从而实现多尺度全面规划干预，对提升公众健康水平有着关键作用[1]。国内研究在近5年来伴随着健康中国战略的推进蓬勃发展，研究热点不断细化，总体上可以分为健康风险、健康行为及健康资源三类健康影响路径。

首先，快速城市化和机动化带来的空气污染、热岛效应、噪声污染等环境问题直接威胁公众健康，易产生呼吸道、心血管等疾病及精神健康问题[2][3][4]。而高密度、低品质的居住空间则会造成心理压力，引发心理疾病[5]。研究发现，可以通过城市空

---

[1] 谭少华，何琪潇，杨春. 健康城市的主动式规划干预技术：尺度转换的视角 [J]. 科技导报，2020，38（7）：34-42.
[2] 冷红，李姝媛. 冬季公众健康视角下寒地城市空间规划策略研究 [J]. 上海城市规划，2017（3）：1-5.
[3] 詹庆明，欧阳婉璐，金志诚，等. 基于RS和GIS的城市通风潜力研究与规划指引 [J]. 规划师，2015，31（11）：95-99.
[4] 李春江，马静，柴彦威，等. 居住区环境与噪音污染对居民心理健康的影响——以北京为例 [J]. 地理科学进展，2019，38（7）：1103-1110.
[5] 杨婕，陶印华，柴彦威. 邻里建成环境与社区整合对居民身心健康的影响——交通性体力活动的调节效应 [J]. 城市发展研究，2019，26（9）：17-25.

间结构、土地使用密度、交通网络、绿地配置等建成环境的调整与优化，消除或减少此类健康风险[1][2]。

其次，慢性疾病受到居民健康行为的影响，包括体力活动、社会交往活动及健康饮食行为。适当的体力活动水平会降低患心血管疾病、糖尿病、高血压、肥胖症、抑郁症等多种慢性病症的风险，可以调整土地利用和功能布局来增加设施可达性，提高人群步行、骑行等积极出行意愿；建筑及景观界面设计等空间品质对休闲性、锻炼性体力活动具有影响，因为这类体力活动对空间功能和美学体验的要求通常更高。高品质的社区物质空间能够为社会交往活动提供宜人的公共空间，促进居民参与社区活动及与他人交往，改善身体和心理的健康状况[3]。城市中快餐食品等非健康食品供应网络的大量存在，干扰了居民健康饮食行为及习惯，也是引发居民肥胖和心脑血管疾病的重要原因[4]。

除此之外，社区中便捷、充足的医疗和养老设施有助于预防慢性疾病，提供公众健康资源。合理的绿地公园布局及植被配置在缓解精神压力、改善情绪、促进心理恢复方面有着独特的作用，是提升心理健康水平的城市自然资源[5]。

总体上，我国建成环境对居民健康效应研究以理论研究、案例分析、经验评述为主，循证规划研究与健康导则编制尚有不足[6]。现有研究大多为单个时间截面的研究，缺乏跨时段研究，尤其是聚焦疫情后的健康效应研究较为匮乏。

---

[1] 王兰，廖舒文，王敏. 影响呼吸系统健康的城市绿地空间要素研究——以上海市某中心区为例 [J]. 城市建筑，2018（9）：10-14.

[2] 徐望悦，王兰. 呼吸健康导向的健康社区设计探索——基于上海两个社区的模拟辨析 [J]. 新建筑，2018（2）：50-54.

[3] 李经纬，欧阳伟，田莉. 建成环境对公共健康影响的尺度与方法研究 [J]. 上海城市规划，2020, 2（2）：38-43.

[4] Wang J, Kwan M.An analytical framework for integrating the spatiotemporal dynamics of environmental context and individual mobility in exposure assessment: A study on the relationship between food environment exposures and body weight[J].International Journal of Environmental Research and Public Health, 2018, 15（9）.

[5] Liu K, Siu M W K, Gong Y X, et al.Where do networks really work? The effects of the Shenzhen greenway network on supporting physical activities[J].Landscape and Urban Planning, 2016, 152: 49-58.

[6] 王兰，蒋希冀，叶丹. 中国健康城市规划研究热点与进展：基于 Citespace 的文献计量分析 [J]. 城市发展研究，2020, 27（11）：8-14+56.

2. 静态空间单元可能错误估计健康效应，时空行为是影响健康的关键媒介

居民会对建成环境产生主观感知与客观响应，进而传递至自身的时空行为[1][2]。复合的用地功能、较好的街道连通性、较高的公交覆盖度及宜人的街道设计会改变居民时空行为模式，促进步行、骑车等慢行交通活动[3][4]。社区绿化率、到公园广场的距离等绿色空间指标会影响居民的休闲性活动[5]。同时，安全、高品质、适宜步行的社区环境会促进居民的社会互动[6][7]。现有研究主要基于邻里效应将居住地划为静态的空间单元，对范围内的地理环境要素进行测度。这种方法忽略了个体日常活动-移动过程中真实暴露的动态环境，由此产生了地理情境的不确定性问题（UGCoP）[8]。针对此问题，已有研究发现基于静态地理环境分析健康效应的局限性，强调个体实际活动-移动过程中的动态地理环境会对居民健康结果产生不同的影响[9][10]。仅使用静态地理环境可能无法充分反映个体经历的实际地理环境，也难以准确评估影响个体健康的地理环境暴露水平，从而导致地理环境的健康效应研究结果出现一定偏差。此外，片段式的活动分析割裂了时空活动间的序列关系，可能错误

---

[1] 曹阳, 甄峰, 姜玉培. 基于活动视角的城市建成环境与居民健康关系研究框架 [J]. 地理科学, 2019, 39（10）: 1612-1620.

[2] 李婧, 高艺, 刘雅萌. 居民体力活动参与度受城市建成环境要素的影响研究进展 [J]. 科技导报, 2020, 38（7）: 76-84.

[3] 谭少华, 何琪潇, 杨春. 健康城市的主动式规划干预技术: 尺度转换的视角 [J]. 科技导报, 2020, 38（7）: 34-42.

[4] 于一凡, 胡玉婷. 社区建成环境健康影响的国际研究进展——基于体力活动研究视角的文献综述和思考 [J]. 建筑学报, 2017（2）: 33-38.

[5] 戴颖宜, 朱战强, 周素红. 绿色空间对休闲性体力活动影响的社区分异——以广州市为例 [J]. 热带地理, 2019, 39（2）: 237-246.

[6] 杨婕, 陶印华, 柴彦威. 邻里建成环境与社区整合对居民身心健康的影响——交通性体力活动的调节效应 [J]. 城市发展研究, 2019, 26（9）: 17-25.

[7] 李经纬, 欧阳伟, 田莉. 建成环境对公共健康影响的尺度与方法研究 [J]. 上海城市规划, 2020, 2（2）: 38-43.

[8] Kwan M.The uncertain geographic context problem[J].Annals of the American Association of Geographers, 2012, 102（5）: 958-968.

[9] 关文宝, 郭文伯, 柴彦威. 人类移动性与健康研究中的时间问题 [J]. 地理科学进展, 2013, 32（9）: 1344-1351.

[10] Guo L, Luo J, Yuan M, et al.The influence of urban planning factors on $PM_{2.5}$ pollution exposure and implications: A case study in China based on remote sensing, LBS, and GIS data[J].Science of the Total Environment, 2019, 659: 1585-1596.

估计活动-移动的健康结果。时空行为的理论与方法能够为透视城市环境与公众健康之间的关系提供独特的分析视角，有必要从静态邻里环境向活动-移动视角转变。

3. 生活圈建设须融入健康促进目标，改善老旧社区的健康状况

城市经济发展促使阶层分化和社区分异，老旧社区是城市最脆弱的地区，面临着空间环境、公共服务、基础设施、交通出行、社区管理等多方面的改造需求[①]。特别是其中的老年人、低收入群体，往往暴露在高风险的环境下，却享有较少的健康资源，同时步行、锻炼等体力活动更容易受到周边地理环境的制约，身心健康受到严重威胁[②]。人居环境是城市体检评估中的重要组成部分，精准、高效识别城市中人居环境建设短板，找出城市中急需提升改造的区域，进而与项目导向的城市更新行动进行衔接，是当前工作的重点。健康中国与老旧小区改造的双重国家战略为健康融入老旧社区生活圈建设提供了契机，如何通过空间规划和社区治理优化改善老旧社区的建成环境，以减少健康风险、引导健康行为及增加健康资源，成为城市更新行动与城市生活圈建设亟须解决的问题。

---

① 蔡云楠，杨宵节，李冬凌. 城市老旧小区"微改造"的内容与对策研究 [J]. 城市发展研究，2017，24（4）：29-34.
② 李和平，章征涛. 城市中低收入者的被动郊区化 [J]. 城市问题，2011（10）：97-101.

2 高温灾害暴露

2.1　高温灾害暴露数据与模型

1. 研究数据

1）遥感影像数据

Landsat 8遥感影像数据由美国地质勘探局（USGS）获取并提供，产品为LIT级别，拍摄于北京时间2017年8月27日2：55，行列号为123-038。该数据可以覆盖整个武汉市主城区范围，分辨率为30米。当日武汉市主城区内社区热环境未受到降雨影响，具有典型代表性。

2）基础地理信息数据

基础地理信息数据包括：2010年武汉市土地利用分布数据；2018年武汉市建筑分布数据；2015年武汉市社区人口统计数据；2018年武汉市全域POI数据。

2. 研究方法

1）模糊综合评价法

城市空间是人类生产生活的基础，具有多元性和非明确性等特点，所以利用城市空间信息来进行城市社区高温灾害风险评估也就存在着模糊性。本书结合GIS空间分析技术对多源数据进行整合和叠置，采用模糊综合评价模型对城市社区高温灾害风险进行综合评估。

2）地理加权回归模型

回归分析通常适用于定量数据分析，旨在确定多种变量间的关系，是目前应用较广泛的分析方法。本书从地表覆盖、建设强度和建筑组合三个方面选取建成环境指标，通过运用地理加权回归模型分析各影响因素在总体和不同类别风险区中对社区地表温度的影响程度及不同类别风险区中主要影响因素的空间分异，从而探究武汉市社区建成环境对高温灾害的差异化影响。

3）聚类分析法

聚类分析法是依据特定的聚类规则，对差异化的数据集进行归纳整理，通常用于类型划分。本书通过评估武汉市社区高温灾害综合风险并进行风险等级划分，将其归为两大类风险区：高风险区和中低风险区。基于此，分别采用地理加权回归模型分析两类风险区域中社区建成环境对高温灾害的影响异同并总结差异化特征。

4）GIS空间分析法

GIS空间分析法是对地理空间信息数据进行整合，对地理空间对象位置及地理空间分布特征以可视化呈现的一种地理数据空间分析方法。本书通过运用ArcGIS软件中空间分析及空间统计工具箱里的相关功能，基于武汉市遥感影像数据和基础地理信息数据等，对数据进行空间计算、整合叠置以及可视化表达。

2.2　社区高温灾害暴露风险评估

2.2.1　评估指标体系

1. 评估指标的确定与测算

1）评估指标的确定

城市社区高温灾害风险的出现包括以下三个部分：致灾因子，即导致城市社区高温灾害形成的因素；孕灾环境，即出现城市社区高温灾害风险的环境（主要是自然环境）；承灾体，即城市社区高温灾害影响的对象（人类活动、社会财产），即暴露对象。从这三个维度进行评估分析，叠加整合后可得到高温灾害风险综合评估结果，从而获得高温灾害综合风险评估等级和风险分区。

致灾危险性方面，城市社区出现高温灾害的主要原因是全球气候变暖加剧、城镇化发展迅猛以及大气环流异常，其中大气环流异常对社区高温灾害的影响远弱于其他两个因素，且在评价指标上不易用指标表征。因此，本书选取地表温度、开发强度作为致灾危险性评估指标。

孕灾环境敏感性方面，与城市社区高温灾害有关的自然环境因素包括社区所处地域的地形地貌、河流水系和植被覆盖等方面。既有文献表明，河流水系和植被覆盖均与地表温度呈负相关，且对城市高温都具有缓解作用[1][2]。由于武汉市主城区地

---

[1] 黄慧琳. 杭州市高温灾害风险区划与评价[D]. 南京：南京信息工程大学，2012.
[2] 陈辉，古琳，黎燕琼，等. 成都市城市森林格局与热岛效应的关系[J]. 生态学报，2009，29（9）：4865-4874.

势平坦，地形地貌对城市社区高温灾害的影响作用较小，因此，本书选取临水性和植被覆盖度作为孕灾环境敏感性评估指标。

承灾体易损性方面，承受高温灾害的主要对象是人类活动和社会财产，人口密度和经济密度越高的社区其暴露度越高，受到高温灾害的影响越大。因此，本书选取人口暴露度和设施暴露度作为承灾体评估指标。其中，人口暴露按照年龄构成分为婴幼儿（6岁以下）、少年（7~18岁）、青年（19~39岁）、中年（40~64岁）和老年（65岁以上）五个类别，而设施暴露按照类型分为生活设施、生产设施、公共设施三个类别。

社区高温灾害风险评估指标体系如表2-1所示。

表 2-1　社区高温灾害风险评估指标体系

评估维度（一级指标）	二级指标	三级指标	正向/负向
致灾危险性	地表温度		正向
	开发强度	容积率	正向
		建筑密度/（%）	正向
孕灾环境敏感性	临水性		负向
	植被覆盖度		负向
承灾体易损性	人口暴露度	婴幼儿人口密度（人/ha）	正向
		少年人口密度（人/ha）	正向
		青年人口密度（人/ha）	正向
		中年人口密度（人/ha）	正向
		老年人口密度（人/ha）	正向
	设施暴露度	生活设施密度（个/ha）	正向
		生产设施密度（个/ha）	正向
		公共设施密度（个/ha）	正向

（来源：作者自绘）

其中，考虑到以上评估指标都是基于社区单元，则依据各指标对社区高温灾害的作用，将其分为正向指标和负向指标，负向指标纳入综合评估计算时取倒数值。

2）计算方法

（1）地表温度。

本书运用ENVI 5.3软件处理Landsat 8数据,并基于辐射传导方程,利用大气校正法反演地表温度[①],具体反演流程如图2-1所示。

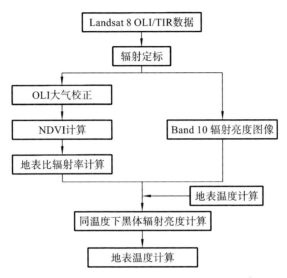

图2-1 基于大气校正法的地表温度反演流程[②]

由于介于地表和大气之间的热辐射传导过程形成朗伯特征,通过热辐射传导方程分析可得到黑体辐射亮度值$B(T_S)$,并根据普朗克定律反函数来计算地表温度值。

（2）开发强度。

城市社区开发强度指标主要包括容积率和建筑密度两个方面。本书以武汉市建筑数据为基础,分别统计各社区的总建筑面积和建筑基地面积,并通过计算得出各社区的容积率和建筑密度。

（3）植被覆盖度。

---

① 邱苏闯,吴文勇,刘洪禄,等.城市绿量的遥感估算与热岛效应的相关分析——以北京市五环区域为例[J].地球信息科学学报,2012,14(4):481-489.

② Kantzioura A, Kosmopoulos P, Zoras S.Urban surface temperature and microclimate measurements in Thessaloniki [J].Energy and Buildings, 2012, 44(1): 63-72.

植被覆盖度可以首先基于归一化算法得到归一化植被指数（NDVI），然后依据标准化处理来获得植被覆盖度。本书利用Landsat 8遥感影像数据的Band 3和Band 4这两个波段计算得到NDVI[①]。然后，在归一化植被指数频率累计表中分别取1%和99%的归一化植被指数值作为最小值和最大值计算植被覆盖度[②]。在进行孕灾环境敏感性评估时，考虑到植被覆盖度是负向指标，则取其倒数值纳入计算。

（4）临水性。

水体的面积、形状和所处位置都会影响其对周边环境的降温效应。因此，本书通过武汉市土地利用数据提取河流水系，按照河流宽度和面状水域面积划分河流水系等级，并基于降温效果差异设置相应的缓冲宽度[③][④]。其中，由于长江的面积和宽度与其他水体区别较大，则单独作为一个河流水系的等级进行分类，具体标准如表2-2所示。

表2-2 河流水系等级和缓冲宽度的划分标准

河流水系	一级缓冲区宽度/m	二级缓冲区宽度/m	三级缓冲区宽度/m
长江	1000	2000	3000
一级河流	500	1000	1500
二级河流	300	600	900
1～5 km²	200	400	600
5～10 km²	300	600	900
10～15 km²	400	800	1200
＞15 km²	500	1000	1500

（来源：作者整理）

---

① 陈云.基于Landsat 8的城市热岛效应研究初探——以厦门市为例[J].测绘与空间地理信息，2014，37（2）：123-128.
② 李苗苗.植被覆盖度的遥感估算方法研究[D].北京：中国科学院研究生院（遥感应用研究所），2003.
③ Saaroni H, Ziv B.The impact of a small lake on heat stress in a Mediterranean urban park：The case of Tel Aviv, Israel[J].International Journal of Biometeorology, 2003, 47（3）：156-165.
④ Sun R, Chen L.How can urban water bodies be designed for climate adaptation?[J].Landscape and Urban Planning, 2012, 105（1-2）：27-33.

基于此，运用ArcGIS 10.2软件根据河流水系等级和缓冲宽度的划分标准进行缓冲区处理，并依照各等级河流水系对周边社区高温灾害缓解程度的不同进行赋值。其中，一级缓冲区赋值为6，二级缓冲区赋值为3，三级缓冲区赋值为1，河流水系赋值为0。综合不同等级河流水系对社区高温灾害的缓解作用，获得河流水系对各社区的高温灾害缓解程度赋值。由于社区地表温度与临水性呈负相关，在进行孕灾环境敏感性评估时，取其倒数值纳入计算。

（5）人口暴露度。

以武汉市社区人口统计数据为基础数据，将数据根据不同年龄段划分为婴幼儿（6岁以下）、少年（7～18岁）、青年（19～39岁）、中年（40～64岁）和老年（65岁以上）五个类别，并采用插值法得到各社区不同年龄段人口密度，从而获得各社区综合人口暴露度情况。

（6）设施暴露度。

运用火车头工具，采用网页源代码网络爬虫技术，采集武汉市市域范围内的设施POI数据，涵盖商业、办公、文教卫体、基础建设、交通系统等类型。将以上数据划分为生活设施、生产设施、公共设施三大类别，通过计算各社区中以上三类设施的密度来了解各社区综合设施暴露度情况。

2. 用层次分析法确定指标体系的权重

首先，建立递阶层次指标体系。本模型的目标层是社区高温灾害综合风险评估；准则层包含三个评价维度，即致灾危险性、孕灾环境敏感性和承灾体易损性；二级指标共六个，包括地表温度、开发强度、临水性、植被覆盖度、人口暴露度和设施暴露度；部分二级指标进一步划分为三级指标，从而构建出社区高温灾害风险评估指标体系层次结构，如图2-2所示。

基于上述的递阶层次指标体系构造比较判断矩阵，对指标体系层次结构中的同层元素进行两两比较，并通过1～9数值标度来判定要素之间的相对重要程度。依据指标体系的判断矩阵结果，结合特征向量法来计算各层次指标在相对应的上一级指标下的相对权重。最后，对各层级的指标必须进行一致性检验。

依据以上步骤，可得到社区高温灾害风险评估指标权重，如表2-3所示。权重一致性比例CR=0.0001＜0.1，通过一致性检验。

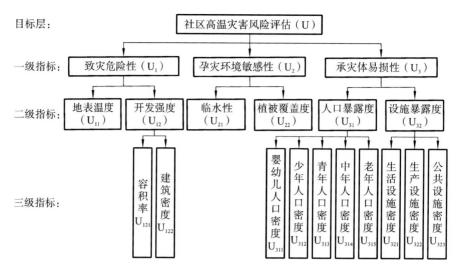

图 2-2　社区高温灾害综合风险评估指标体系层次结构

(来源：作者自绘)

表 2-3　社区高温灾害风险评估指标权重

目标层	权重值	一级指标	权重值	二级指标	权重值	三级指标	权重值
社区高温灾害风险评估	1	致灾危险性	0.4434	地表温度	0.3547		
				开发强度	0.0887	容积率	0.0665
						建筑密度	0.0222
		孕灾环境敏感性	0.1692	临水性	0.1128		
				植被覆盖度	0.0564		
		承灾体易损性	0.3874	人口暴露度	0.2906	婴幼儿人口密度	0.0949
						少年人口密度	0.0348
						青年人口密度	0.0354
						中年人口密度	0.0376
						老年人口密度	0.0879
				设施暴露度	0.0968	生活设施密度	0.0511
						生产设施密度	0.0135
						公共设施密度	0.0322

(来源：作者根据分析结果整理)

3. 用模糊综合评价法计算综合评估值

首先，确定指标体系层次结构中的各指标隶属度，通常用于表征元素的模糊性[①]，即反映元素对于所属模糊集合的隶属程度。其次，对单因素进行评估，依据准则层的各因素模糊评估矩阵和该因素的相对权重相乘的结果，即可得到该因素的评估结果。最后，基于上述单因素评估结果构成的模糊评估矩阵和相对应的指标权重相乘，可计算得到目标层的综合评估结果。该分值越高，则表明社区高温风险灾害水平越高，反之越低。

2.2.2 致灾危险性

1. 地表温度带状集聚，高温区轴向分布

1）社区地表温度数理统计特征

总体而言，社区地表温度较高且高值区间集聚明显，社区数量随地表温度增加呈现先升后降的趋势。据统计，武汉市社区地表温度的平均值为39.37 ℃，最大值为45.57 ℃，最小值为32.90 ℃，中位数为39.31 ℃，武汉市总体社区地表温度较高。地表温度值集中在37.90～39.90 ℃区间内的社区，占总体社区数量的45.37%，而地表温度超过39.90 ℃的社区占比达35.20%。

2）社区地表温度空间分布与集聚特征

结合自然断点法将武汉市社区地表温度值进行等级划分，分为强高温区（41.98～45.57 ℃）、较强高温区（40.26～41.97 ℃）、中等高温区（38.78～40.25 ℃）、较弱高温区（37.14～38.77 ℃）和弱高温区（32.90～37.13 ℃）五个等级（见图2-3）。其中，属于（较）强高温区的社区占比为28.18%，属于中等及（较）弱高温区的社区占比为71.82%。

武汉市社区地表温度整体呈现"强高温区多轴向延展、中等高温区U形外延至弱高温区"的空间分布特征。部分强高温区分布在城市主要道路周边，如中山大道、解放大道和白沙洲大道等。一环内强高温区主要集中分布在汉口老城区和武昌老城区。而在二环线周边，地表温度呈现自一环内团块状分布转变为沿主干路轴向

---

① 张梦洁，张恩嘉，单卓然. 基于POI数据的武汉市多类型商业中心识别与集聚特征分析[J]. 南方建筑，2019（2）：55-61.

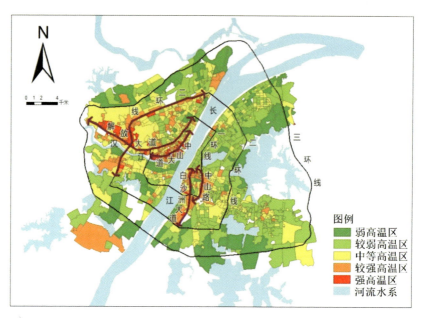

图 2-3　武汉市社区地表温度空间分布

（来源：作者基于 ArcGIS 平台分析得出）

分布。三环线周边的较强高温区只出现在沌口工业区，并未与中心区的高温区连接，在主城区边缘保持其相对独立。

相邻社区的地表温度由于热传导的作用，其热环境也会相互影响。本书运用 ArcGIS 软件对社区地表温度进行全局空间自相关分析。经测算，地表温度的全局空间自相关指数为 0.45，Z 得分为 70.16，说明社区地表温度的空间分布具有较强的空间正相关性。

2. 开发强度圈层递减，高强度区内环聚集

1）社区开发强度数理统计特征

总体社区开发强度中等，但三成以上社区开发强度高于 0.55，除低值区间外，社区数量随开发强度增加呈现较平缓波动。据统计，武汉市社区开发强度的平均值为 0.43，最大值为 1，最小值为 0.05，中位数为 0.43，武汉市社区总体开发强度中等。同时，对不同开发强度区间的社区数量进行统计可知，武汉市开发强度值在 0～0.05 区间内的社区，占总体社区数量的 12.41%。而开发强度高于 0.05 的社区，占比达到 87.59%。

2）社区开发强度空间分布与集聚特征

汉口老城区内的社区规模较小，数量较多，其容积率和建筑密度相对较高，社区呈现较高的开发强度。而在二环周边，高开发强度区较为分散。与此同时，随着城市开发建设的外延，社区规模增大，中低开发强度区的社区容积率和建筑密度相较于老城区明显降低。

结合自然断点法将社区开发强度进行等级划分，分为高强度区（0.79~1）、较高强度区（0.56~0.78）、中强度区（0.38~0.55）、较低强度区（0.17~0.37）和低强度区（0~0.16）五个等级（见图2-4）。其中，属于（较）高强度区的社区占比为33.98%，属于中等及（较）低强度区的社区占比为66.02%。

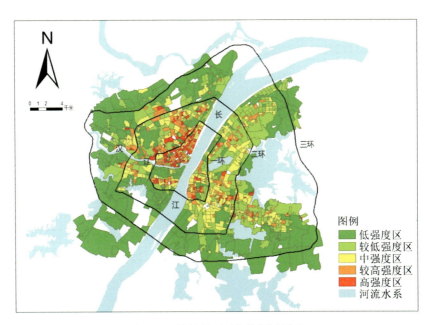

图2-4 武汉市社区开发强度空间分布

（来源：作者基于 ArcGIS 平台分析得出）

武汉市社区开发强度整体呈现圈层递减的空间分布特征，高强度区在一环内聚合集中、二环周边分散；中低强度区在二环内分散、三环周边集中。

局部出现社区开发强度高值集聚和低值集聚。经测算，社区开发强度的全局空间自相关指数为0.41，Z得分为63.32，说明社区开发强度的分布具有较强的空间正相关性，呈现趋同趋势。

3. 高温致灾危险性呈现高危险区空间集聚、轴向分布

1）社区高温致灾危险性数理统计特征

利用AHP确定地表温度和开发强度的权重分别为0.3547和0.0887，并根据隶属度进行空间叠加，从而得到武汉市社区高温致灾危险性情况。

总体社区高温致灾危险性中等，但三成以上社区高温致灾危险性高于0.55，社区数量随高温致灾危险性增加呈现较大波动。据统计，武汉市社区高温致灾危险性的平均值为0.46，最大值为1，最小值为0.02，中位数为0.46，武汉市总体社区表现为中等高温致灾危险性。同时，对不同高温致灾危险性区间的社区数量进行统计可知，社区数量最多的三个区间分别为0~0.05、0.25~0.30、0.45~0.50。其中，高温致灾危险性高于0.55的社区占比为37.64%。

2）社区高温致灾危险性空间分布与集聚特征

结合自然断点法将武汉市社区高温致灾危险性进行等级划分，分为高危险区（0.78~1）、较高危险区（0.56~0.77）、中危险区（0.37~0.55）、较低危险区（0.17~0.36）和低危险区（0~0.16）五个等级（见图2-5）。其中，（较）高危险

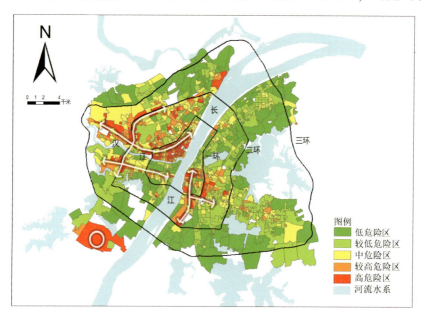

图2-5 武汉市社区高温致灾危险性空间分布

（来源：作者基于ArcGIS平台分析得出）

区的社区占比为37.64%；中危险区及（较）低危险区的社区占比为62.36%。

武汉市社区高温致灾危险性整体空间分布与社区地表温度空间分布极为一致，呈现"高危险区多轴向延展、中等危险区U形外延至低危险区"的空间分布特征。高危险区主要分布在城市主干道周边，包括二环线西北段、中山大道、白沙洲大道、中山路等。从总体格局来看，长江有效地将武昌地区的致灾危险区与其他区域分隔，武昌地区自成一体，汉口和汉阳地区相互连接。

局部出现社区高温致灾危险性高值集聚和低值集聚。经测算，社区高温致灾危险性全局空间自相关指数为0.53，Z得分为82.80，说明社区高温致灾危险性空间分布具有显著为正的空间自相关性。

2.2.3 孕灾环境敏感性

1. 临水性高值沿江环水、低值团块集聚

1）临水性数理统计特征

运用ArcGIS软件对提取出的武汉市河流水系进行缓冲区分析，并依据等级和宽度的划分进行相应的赋值和计算，从而得到社区临水性。

总体社区临水性较低，近八成社区临水性低于5.5，约两成社区不足0.5。据统计，武汉市社区临水性的平均值为2.79，最大值为11.98，最小值为0.02，中位数为2.68，武汉市总体社区临水性较小。同时，对不同临水性区间的社区数量进行统计可知，大部分社区临水性低于5.5，占比达到79.86%。其中，武汉市社区临水性在0~0.5区间内的社区占总体社区数量的24.11%。

2）社区临水性空间分布与集聚特征

结合自然断点法将社区临水性进行等级划分，分为高临水区（5.51~11.98）、较高临水区（3.84~5.50）、中临水区（2.09~3.83）、较低临水区（0.65~2.08）和低临水区（0.00~0.64）五个等级（见图2-6）。其中，（较）高临水区的社区占比为31.33%，中等及（较）低临水区的社区占比为68.67%。

武汉市社区临水性整体呈现"高临水区环水带状绵延、低临水区团块状集聚"的空间分布特征。武汉市社区临水性（较）高的区域主要分布于长江和汉江沿江两侧区域以及东湖、南湖、沙湖等大型水体周边，并相互连接和绵延。（较）低临水区主要形成四大团块，分别是汉江以北贯穿江岸—江汉—硚口三个区的团块、南湖以西位于武昌区的两个团块以及南湖以东位于洪山区的一个团块，四大团块之间相互独立。

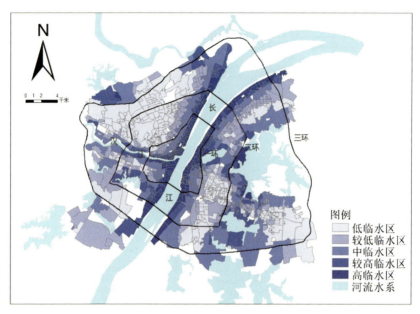

图 2-6　武汉市社区临水性空间分布

（来源：作者基于 ArcGIS 平台分析得出）

经测算，社区临水性的全局空间自相关指数为0.60，Z得分为92.95。

2. 植被覆盖度镶嵌分布，内环低、外环高

1）社区植被覆盖度数理统计特征

本书基于Landsat 8卫星影像数据，运用ENVI 5.3软件计算归一化植被指数（NDVI）并标准化处理后获得植被覆盖度，以此来表征社区植被覆盖情况。

总体社区植被覆盖度中等且在中值区间集聚，但近一半社区植被覆盖度不足0.44。据统计，武汉市社区植被覆盖度的平均值为0.46，最大值为0.81，最小值为0.24，中位数为0.45，武汉市总体社区植被覆盖度中等。同时，对不同植被覆盖度区间的社区数量进行统计可知，武汉市社区植被覆盖度主要集中在0.39~0.49区间内，占总体社区数量的41.71%，而植被覆盖度低于0.44的社区数量占46.69%。由此可知,近一半社区植被覆盖度不足0.44。

2）社区植被覆盖度空间分布与集聚特征

结合自然断点法将武汉市社区植被覆盖度进行等级划分,分为高覆盖度区（0.63~0.81）、较高覆盖度区（0.54~0.62）、中覆盖度区（0.45~0.53）、较低覆盖度区（0.36~0.44）和低覆盖度区（0.24~0.35）五个等级（见图2-7）。属于（较）高覆盖度区的社区占比为26.25%,属于中覆盖度区及（较）低覆盖度区的社区占比为73.75%。

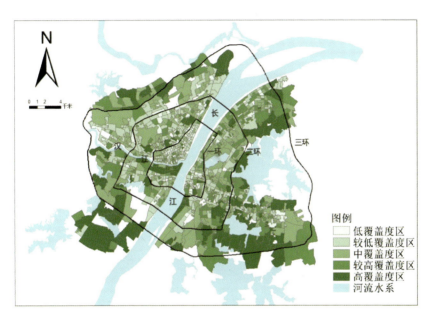

图2-7 武汉市社区植被覆盖度空间分布

（来源：作者基于ArcGIS平台分析得出）

武汉市社区植被覆盖度在空间上的分布特征不明显,各类覆盖度区之间相互镶嵌。总体而言,三环线周边的社区植被覆盖度较高,而一环内和二环线周边的社区植被覆盖度较低,而且分布均较为分散。

植被覆盖度高值主要集聚在三环线周边,低值集聚在汉口老城区。经测算,植被覆盖度的全局空间自相关指数为0.13,Z得分为19.72,说明植被覆盖度的空间分布的正相关性较弱。

3. 高温孕灾环境敏感性呈现低敏感区沿江环水

1）社区高温孕灾环境敏感性数理统计特征

通过以上两个方面对高温孕灾环境敏感性进行评估，结合各指标对武汉市社区高温孕灾环境的贡献程度，利用AHP确定河流水系作用力度和植被覆盖度的权重分别为0.1128和0.0564。由于这两个都是负向指标，因此取其倒数纳入计算，并根据隶属度进行空间叠加，从而得到武汉市社区高温孕灾环境敏感性情况。

总体社区高温孕灾环境敏感性较低，六成以上社区孕灾环境敏感性低于0.30，而高于0.55的社区不足两成。据统计，武汉市社区高温孕灾环境敏感性的平均值为0.29，最大值为1，最小值为0.02，中位数为0.20。同时，对不同高温孕灾环境敏感性区间的社区数量进行统计可知，大部分社区孕灾环境敏感性低于0.30，占比达到66.73%，而高于0.55的社区仅占19.33%。

2）社区高温孕灾环境敏感性空间分布与集聚特征

结合自然断点法将武汉市社区高温孕灾环境敏感性进行等级划分，分为高敏感区（0.56～1）、较高敏感区（0.30～0.55）、中敏感区（0.19～0.29）、较低敏感区（0.09～0.18）和低敏感区（0～0.08）五个等级（见图2-8）。其中，属于（较）高

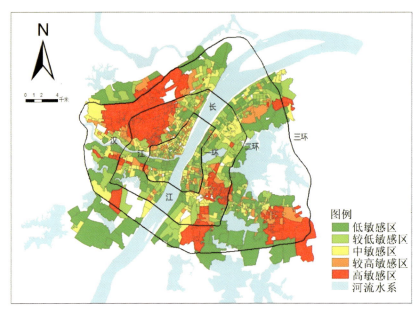

图 2-8　武汉市社区孕灾环境敏感性空间分布

（来源：作者基于 ArcGIS 平台分析得出）

敏感区的社区共计327个，占比为33.27%；属于中敏感区及（较）低敏感区的社区共计656个，占比为66.73%。

武汉市社区高温孕灾环境敏感性整体呈现"高敏感区团块状集聚、其他敏感区之间相互镶嵌"的空间分布特征。其中，高敏感区主要形成四大团块，分别是汉江以北贯穿江岸—江汉—硚口三个区的团块、南湖以西位于武昌区的两个团块以及南湖以东位于洪山区的一个团块，并且以上四大团块之间相互独立。与此同时，（较）低敏感区内的社区在空间分布上特征不明显，主要环绕并分散在高敏感区四周。

局部出现社区孕灾环境敏感性高值集聚和低值集聚。经测算，社区孕灾环境敏感性的全局空间自相关指数为0.32，Z得分为50.52，说明其空间分布具有较强的空间正相关性。

2.2.4 承灾体易损性

1. 人口暴露由内至外趋缓，一环内老幼高暴露

1）社区人口暴露度数理统计特征

一般来说，人口越密集的地区，高温灾害对人们身心健康的威胁越大。不同年龄人群对高温灾害的承受能力也有差别，婴幼儿和老年人相较于少年、青年和中年人更容易遭受高温灾害的威胁和迫害。因此，本书通过将武汉市各社区统计的不同年龄段人口密度在ArcGIS中进行空间插值，依据相对应的权重和隶属度进行空间叠加，从而得到武汉市社区人口暴露度情况。

总体社区人口暴露度较低，但仅两成左右社区人口暴露度低于0.05，且有两成社区人口暴露度超过0.5。据统计，武汉市社区人口暴露度的平均值为0.30，最大值为1，最小值为0.02，中位数为0.24，武汉市总体社区的人口暴露度较低。对不同人口暴露度区间的社区数量进行统计可知，武汉市人口暴露度在0~0.05区间内的社区，占总体社区数量的21.26%。而人口暴露度高于0.05的社区占比达到78.74%，并且在此区间范围内随着社区人口暴露度增加，社区数量呈现较平缓下降。其中，人口暴露度高于0.5的社区占比为22.99%。

2)社区人口暴露度空间分布与集聚特征

结合自然断点法将社区人口暴露度进行等级划分,分为高暴露区(0.74~1)、较高暴露区(0.51~0.73)、中暴露区(0.32~0.50)、较低暴露区(0.15~0.31)和低暴露区(0~0.14)五个等级(见图2-9)。其中,属于(较)高暴露区的社区占比为22.99%,属于中暴露区及(较)低暴露区的社区占比为77.01%。

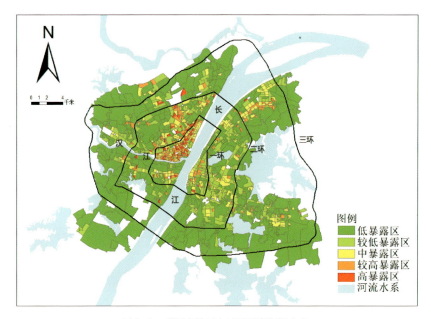

图 2-9 武汉市社区人口暴露度空间分布

(来源:作者基于 ArcGIS 平台分析得出)

武汉市社区人口暴露度整体呈现"低暴露区分散而高暴露区在汉口老城区集聚"的空间分布特征。不同年龄段人口密度均由内而外圈层递减,高暴露区主要集中在汉口老城区,中暴露区及低暴露区主要分布在一环外,三环周边社区的人口暴露度明显最低。

经测算,社区人口暴露度的全局空间自相关指数为0.46,Z得分为71.20,说明其空间分布具有较强的空间正相关性。

2. 设施暴露内环高、外环低,老城区高暴露集聚

1)社区设施暴露度数理统计特征

武汉市总体社区设施暴露度较低,约七分之一社区设施暴露度超过0.5,约

四分之一社区设施暴露度低于0.05。据统计，武汉市社区设施暴露度的平均值为0.23，最大值为1，最小值为0.02，中位数为0.16，武汉市总体社区的设施暴露度较低。

对不同设施暴露度区间的社区数量进行统计可知，武汉市设施暴露度在0~0.05区间内的社区，占总体社区数量的25.13%。而设施暴露度高于0.5的社区数量为151个，占比为15.36%。约七分之一的社区设施暴露度超过0.5。

2）社区设施暴露度空间分布与集聚特征

结合自然断点法将社区设施暴露度进行等级划分，分为高暴露区（0.73~1）、较高暴露区（0.51~0.72）、中暴露区（0.27~0.50）、较低暴露区（0.12~0.26）和低暴露区（0~0.11）五个等级（见图2-10）。其中，属于（较）高暴露区的社区占比为15.36%，属于中暴露区及（较）低暴露区的社区占比为84.64%。

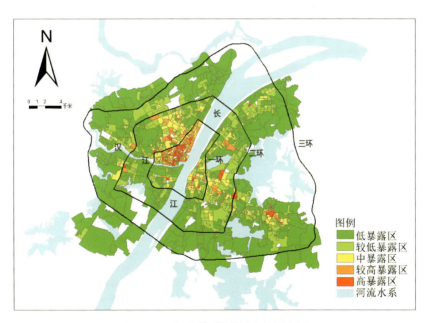

图2-10 武汉市社区设施暴露度空间分布

（来源：作者基于ArcGIS平台分析得出）

武汉市社区设施暴露度整体呈现圈层递减的空间分布特征，汉口老城区的设施暴露度明显高于其他区域。一环内的生活设施密度、生产设施密度和公共设施密度都显著高于其他区域，因而一环内的社区设施暴露度也明显较高，其中汉口老城区的设施暴露度最高，而中暴露区及（较）低暴露区主要分布在一环外。

经测算，社区设施暴露度的全局空间自相关指数为0.87，Z得分为134.98，说明其空间分布具有较强的空间正相关性。

3. 高温承灾体易损性呈现高易损区一环内集聚

1）社区高温承灾体易损性数理统计特征

通过以上两个方面对承灾体易损性进行评估，结合各指标对武汉市社区高温承灾体易损性的贡献程度，利用AHP确定人口暴露度和设施暴露度的权重分别为0.2906和0.0968，根据隶属度进行空间叠加，得到武汉市社区高温承灾体易损性情况。

总体社区高温承灾体易损性较低，三成社区高温承灾体易损性超过0.5，两成社区高温承灾体易损性低于0.05。据统计，武汉市社区高温承灾体易损性的平均值为0.35，最大值为1，最小值为0.02，中位数为0.28，武汉市总体社区的高温承灾体易损性较低。武汉市高温承灾体易损性在0～0.05区间内的社区占总体社区数量的21.97%。而高温承灾体易损性高于0.5的社区占比为31.13%。

2）社区高温承灾体易损性空间分布与集聚特征

结合自然断点法将武汉市社区高温承灾体易损性进行等级划分，分为高易损区（0.77～1）、较高易损区（0.51～0.76）、中易损区（0.34～0.50）、较低易损区（0.14～0.33）和低易损区（0～0.13）五个等级（见图2-11）。其中，属于较高及高易损区的社区共计306个，占比为31.13%；属于中易损区、较低及低易损区的社区共计677个，占比为68.87%。

武汉市社区高温承灾体易损性整体空间分布与社区人口暴露度整体空间分布极为一致，呈现"低易损区分散而高易损区在汉口老城区集聚"的空间分布特征。（较）高易损区主要集中在汉口老城区。中易损区及（较）低易损区主要分布在一环外。综合来看，老城区社区的人口密度和设施密度比一环外社区更高，一方面会使高温灾害发生的可能性增加，另一方面也会导致社区居民和设施更容易遭受高温灾害的严重威胁。

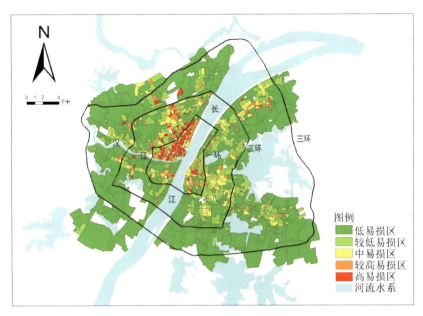

图 2-11 武汉市社区高温承灾体易损性空间分布

（来源：作者基于 ArcGIS 平台分析得出）

经测算，社区承灾体易损性的全局空间自相关指数为0.62，Z得分为96.26，说明其空间分布具有较强的空间正相关性。

2.2.5 综合暴露风险

1. 总体风险中等，超四成社区风险显著较高

综上分析，结合高温致灾危险性、孕灾环境敏感性和承灾体易损性对武汉市高温灾害综合风险的贡献程度，确定其权重分别为0.4434、0.1692、0.3874，根据隶属度进行空间叠加，从而得到武汉市社区高温灾害综合风险情况。

总体社区高温灾害综合风险中等，约四成社区高温灾害风险程度高于0.5，社区数量随高温灾害风险程度增加呈现较大波动。武汉市社区高温灾害综合风险的平均值为0.42，最大值为1，最小值为0.02，中位数为0.41，武汉市总体社区表现为中等高温灾害综合风险。同时，对不同高温灾害综合风险区间的社区数量进行统计可知，社区高温灾害综合风险主要集中分布在0~0.05、0.30~0.35、0.50~0.55这三个区间。其中，高温灾害综合风险高于0.5的社区占比为40.79%。

2. 高风险区轴向分布，低风险区沿江环水

结合自然断点法将高温灾害综合风险划分为高风险区（0.70～1）、较高风险区（0.51～0.69）、中风险区（0.31～0.50）、较低风险区（0.14～0.30）和低风险区（0～0.13）五个等级（见图2-12）。其中，属于（较）高风险区的社区占比为40.79%；属于中风险区及（较）低风险区的社区占比为59.21%。

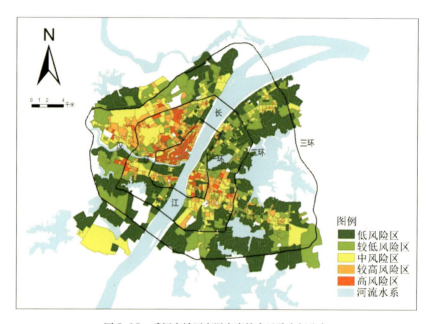

图2-12 武汉市社区高温灾害综合风险空间分布

（来源：作者基于ArcGIS平台分析得出）

武汉市社区高温灾害综合风险整体空间分布与社区地表温度整体空间分布极为一致，呈现"高风险区多轴向延展、低风险区沿江环水"的空间分布特征。高风险区与城市主要道路的关系紧密。针对不同区位来看，一环内的高风险区和较高风险区主要集中在汉口老城区和武昌老城区，表现出强烈的空间自相关性。而在二环线周边，高风险区和较高风险区的集聚程度减弱，自一环内团块状分布变化为沿主干路线状分布。三环线周边较高风险区及高风险区分布较少。中风险区的分布较分散，主要在较高风险区周边环绕分布。较低风险区也在中风险区外围环绕分布。

3. 局部呈现高值空间集聚

经测算，社区高温灾害综合风险的全局空间自相关指数为0.57，Z得分为86.15，说明其空间分布具有较强的空间正相关性。

2.3 高温灾害暴露影响机制

通过前文的武汉市社区高温灾害风险综合评价可知，地表温度作为主要的致灾因子，对社区高温灾害的发生起着主导作用。从不同高温灾害风险等级区的空间分布来看，其与地表温度等级区的空间分布高度一致。因此，本节选取社区地表温度作为高温灾害风险的表征指标，从地表覆盖、建设强度和建筑组合三个方面选取建成环境指标，采用地理加权回归模型来研究武汉市高风险区、中低风险区这两大类风险区中社区建成环境对高温灾害的差异化影响。

2.3.1 建成环境指标

1. 建成环境指标的确定

本书选取的3个方面、10个影响因素如表2-4所示。

表 2-4 影响社区高温灾害的建成环境指标选取

维度	指标名称	单位	计算方法	指标特征
地表覆盖类	归一化植被覆盖指数（NDVI）		社区单元内所有NDVI测算点的平均观测值	连续变量
	建筑覆盖占比	%		连续变量
	硬化地表覆盖占比	%		连续变量
	裸露地表覆盖占比	%		连续变量
	植被覆盖占比	%		连续变量
	水体覆盖占比	%		连续变量

续表

维度	指标名称	单位	计算方法	指标特征
建设强度类	容积率		总建筑面积/所在社区单元面积	连续变量
建设强度类	建筑密度	%	建筑基地总面积/所在社区单元面积	连续变量
建筑组合类	用地混合度		计算方法见注释	连续变量
建筑组合类	建筑形体系数		建筑总外表面积/建筑总体积	连续变量

注释：用地混合度用于衡量社区单元内不同类型土地利用的种类及平衡程度，通常采用土地利用混合熵指数来表达。公式如下：

$$\text{land use mix} = -\frac{\sum_{i=1}^{n}(P_i \ln P_i)}{\ln(n)}$$

式中，n 为社区单元内不同建设用地类型的数量，P_i 表示建设用地类型的面积占社区单元内所有建设用地面积的比例。用地混合度可以反映出社区内不同土地利用混合程度，取值范围是 [0，1]。用地混合度越接近于1，表明社区内用地类型越丰富，用地分配越平均；而越接近于0，则表明社区内用地类型和分配越单一。

（来源：作者整理）

2. 建成环境指标的测算

上述的社区建成环境指标中，一部分为通过统计数据或者简单计算便可以获得的指标，如容积率和建筑密度等；另一部分为社区单元中并不常见的指标，但也都在一定程度上对社区高温灾害有影响作用，因此需要对这些指标的计算方法进行阐述。

1）归一化植被覆盖指数（NDVI）

本书利用Landsat 8遥感影像数据的Band 3和Band 4这两个波段计算得到NDVI。一般来说，NDVI值越接近1，表明区域内绿色植物越密集，绿化水平越高；NDVI值越接近0，表明该区域内绿色植被越少，可能是裸地或者城镇化区域。NDVI的取值范围为[−1，1]。

2）各类地表覆盖物占比

本书结合监督分类方法并运用ENVI 5.3软件对Landsat 8遥感影像数据识别地表覆盖物，主要分为以下两个步骤。①定义训练样本：结合目视解译法，根据"地理国情普查地表覆盖分类代码及上图控制指标"的分类标准，识别出研究范围内社区中的建筑、硬化地表、裸露地表、植被和水域五类地表覆盖物的典型区域作为训练样本。②执行监督分类：利用ENVI 5.3软件中的监督分类工具，选择"支持向量机"分类器执行监督分类。

3）用地混合度

用地混合度是衡量社区单元内不同类型土地利用的种类及平衡程度，通常采用土地利用混合熵指数来表达。用地混合度可以反映出社区内不同土地利用混合程度，取值范围是[0, 1]，用地混合度越接近于1表明社区内用地类型越丰富，用地分配越平均，而越接近于0则表明社区内用地类型和分配越单一。

4）建筑形体系数

建筑形体系数是社区管理单元内所有建筑物的总外表面积与建筑总体积的比值。其中，建筑物体积为基地面积与高度的乘积，建筑外表面积为基地周长与高度乘积再加上屋顶面积。

2.3.2 模型构建

1. 多重共线性检验

通过建立多元线性回归模型对因变量和作为自变量的影响因素进行全局回归分析，以期获得显著性影响变量。考虑到参数估计值有可能存在偏差，为了确保自变量的独立性，从而提高模型的准确性，采用容差和方差膨胀因子（VIF）作为检验手段，分别对研究范围内作为全样本的983个社区、属于高风险区的401个社区和属于中低风险区的582个社区进行多重共线性检验，剔除容差小于0.1或VIF大于10的影响因素，结果如表2-5～表2-7所示。

表2-5 全样本多重共线性检验分析结果

解释变量	共线性统计	
	容差	VIF
NDVI	0.273	3.667
建筑覆盖占比	4.404×10^{-8}	22705975.764

续表

解释变量	共线性统计	
	容差	VIF
硬化地表覆盖占比	0.400	2.500
裸露地表覆盖占比	0.902	1.109
植被覆盖占比	0.424	2.357
水体覆盖占比	0.666	1.502
容积率	0.199	5.035
建筑密度	0.304	3.293
用地混合度	0.882	1.134
建筑形体系数	0.498	2.009

（来源：作者根据计算结果整理）

表2-6 高风险区多重共线性检验分析结果

解释变量	共线性统计	
	容差	VIF
NDVI	0.345	2.895
建筑覆盖占比	3.778×10^{-8}	26471574.832
硬化地表覆盖占比	0.514	1.944
裸露地表覆盖占比	0.953	1.049
植被覆盖占比	0.735	1.361
水体覆盖占比	0.881	1.135
容积率	0.245	4.079
建筑密度	0.520	1.921
用地混合度	0.827	1.209
建筑形体系数	0.378	2.644

（来源：作者根据计算结果整理）

表 2-7 中低风险区多重共线性检验分析结果

解释变量	共线性统计	
	容差	VIF
NDVI	0.243	4.119
建筑覆盖占比	0.298	3.355
硬化地表覆盖占比	7.391×10^{-8}	13530583.612
裸露地表覆盖占比	0.894	1.119
植被覆盖占比	0.219	4.566
水体覆盖占比	0.699	1.431
容积率	0.283	3.538
建筑密度	0.384	2.605
用地混合度	0.929	1.077
建筑形体系数	0.580	1.723

（来源：作者根据计算结果整理）

其中，由全样本多重共线性检验结果可知，除了建筑覆盖占比之外的解释变量均不存在共线性关系，因此剔除建筑覆盖占比这一指标；由高风险区多重共线性检验结果可知，除了建筑覆盖占比之外的解释变量均不存在共线性关系，因此剔除建筑覆盖占比这一指标；由中低风险区多重共线性检验结果可知，除了硬化地表覆盖占比之外的解释变量均不存在共线性关系，因此剔除硬化地表覆盖占比这一指标。

2. 全局回归分析

本书分别对全样本社区、属于高风险区的社区和属于中低风险区的社区进行全局回归分析，结果如表2-8～表2-10所示。经多次回归分析，初步筛选得出研究范围内全样本社区、高风险区和中低风险区的显著影响因素（$p<0.05$，显著性水平$\alpha=0.05$），如表2-11所示。

表2-8 全样本社区多元线性回归分析结果（R^2=0.619，调整后R^2=0.615）

解释变量	非标准化系数		标准化系数	t值	p值
	估计参数	标准误差			
常数项	42.581	0.539		78.938	0.000
NDVI	－6.405	0.585	－0.362	－10.957	0.000
硬化地表覆盖占比	－2.590	0.247	－0.305	－10.469	0.000
裸露地表覆盖占比	9.237	4.315	0.045	2.141	0.033
植被覆盖占比	－1.781	0.436	－0.123	－4.083	0.000
水体覆盖占比	－5.861	0.371	－0.379	－15.814	0.000
容积率	－0.651	0.074	－0.332	－8.837	0.000
建筑密度	5.971	0.542	0.395	11.024	0.000
用地混合度	1.292	0.290	0.094	4.458	0.000
建筑形体系数	－3.271	0.917	－0.096	－3.565	0.000

（来源：作者根据计算结果整理）

表2-9 高风险区多元线性回归分析结果

第一次回归（R^2=0.482，调整后R^2=0.468）					
解释变量	非标准化系数		标准化系数	t值	p值
	估计参数	标准误差			
常数项	43.874	0.822		53.396	0.000
NDVI	－9.192	1.036	－0.536	－8.871	0.000
硬化地表覆盖占比	－2.071	0.324	－0.317	－6.390	0.000
裸露地表覆盖占比	18.150	11.032	0.060	1.645	0.101
植被覆盖占比	3.310	1.303	0.105	2.541	0.011
水体覆盖占比	－4.962	0.853	－0.220	－5.820	0.000
容积率	－0.595	0.114	－0.376	－5.239	0.000
建筑密度	3.542	0.734	0.238	4.826	0.000
用地混合度	0.856	0.397	0.084	2.157	0.032
建筑形体系数	－0.472	1.479	－0.018	－0.319	0.750

续表

第二次回归（R^2=0.478，调整后 R^2=0.467）					
解释变量	非标准化系数		标准化系数	t 值	p 值
	估计参数	标准误差			
常数项	43.185	0.569		75.958	0.000
NDVI	−8.316	0.872	−0.485	−9.532	0.000
硬化地表覆盖占比	−1.723	0.270	−0.263	−6.391	0.000
植被覆盖占比	3.391	1.295	0.108	2.619	0.009
水体覆盖占比	−4.703	0.847	−0.209	−5.554	0.000
容积率	−0.648	0.068	−0.410	−9.517	0.000
建筑密度	3.686	0.715	0.247	5.155	0.000
用地混合度	0.907	0.395	0.089	2.296	0.022

（来源：作者根据计算结果整理）

表2-10 中低风险区多元线性回归分析结果

第一次回归（R^2=0.434，调整后 R^2=0.423）					
解释变量	非标准化系数		标准化系数	t 值	p 值
	估计参数	标准误差			
常数项	39.492	0.481		82.122	0.000
NDVI	−1.143	0.928	−0.080	−1.231	0.219
建筑覆盖占比	1.579	0.423	0.219	3.730	0.000
裸露地表覆盖占比	9.561	4.304	0.075	2.221	0.027
植被覆盖占比	−1.963	0.651	−0.207	−3.014	0.003
水体覆盖占比	−3.452	0.390	−0.340	−8.852	0.000
容积率	−0.763	0.119	−0.387	−6.402	0.000
建筑密度	4.807	0.767	0.325	6.268	0.000
用地混合度	1.197	0.364	0.110	3.293	0.001
建筑形体系数	−5.089	1.112	−0.193	−4.577	0.000

续表

第二次回归（$R^2=0.430$，调整后 $R^2=0.421$）					
解释变量	非标准化系数		标准化系数	t 值	p 值
	估计参数	标准误差			
常数项	39.209	0.435		90.035	0.000
建筑覆盖占比	1.205	0.328	0.167	3.679	0.000
裸露地表覆盖占比	9.515	4.274	0.075	2.227	0.026
植被覆盖占比	−2.517	0.364	−0.265	−6.919	0.000
水体覆盖占比	−3.670	0.350	−0.361	−10.478	0.000
容积率	−0.832	0.111	−0.422	−7.496	0.000
建筑密度	4.724	0.758	0.319	6.230	0.000
用地混合度	1.235	0.361	0.113	3.424	0.001
建筑形体系数	−5.075	1.095	−0.192	−4.635	0.000

（来源：作者根据计算结果整理）

表 2-11 全局回归分析结果

区域	因变量	显著性影响因素	
		正相关	负相关
总体社区	地表温度	裸露地表覆盖占比	NDVI
		建筑密度	硬化地表覆盖占比
		用地混合度	植被覆盖占比
			水体覆盖占比
			容积率
			建筑形体系数
高风险区	地表温度	植被覆盖占比	NDVI
		建筑密度	硬化地表覆盖占比
		用地混合度	水体覆盖占比
			容积率

续表

区域	因变量	显著性影响因素	
		正相关	负相关
中低风险区	地表温度	建筑覆盖占比	植被覆盖占比
		裸露地表覆盖占比	水体覆盖占比
		建筑密度	容积率
		用地混合度	建筑形体系数

（来源：作者根据计算结果整理）

可以看出，在不同高温灾害风险区域内，社区建筑密度和用地混合度都与地表温度呈正相关，水体覆盖占比和容积率都与地表温度呈负相关。裸露地表覆盖占比对社区地表温度的影响呈现出较弱的正相关性。社区硬化地表覆盖占比对地表温度的影响呈现负相关性。

3. 地理加权回归模型建立

根据前文中武汉市全样本社区地表温度的全局空间自相关结果可知，全局空间自相关指数为0.45，Z得分为70.16，说明社区地表温度的空间分布并不是随机的，而是具有较强的空间正相关性。同时，分别对高风险区和中低风险区这两类区域进行全局空间自相关分析，Moran's I 分别为0.21和0.14，且Z值分别为28.36和10.30，在0.05的显著性水平下通过检验，表明这两个区域内的社区地表温度的空间分布也呈现出显著的正的自相关性，且集聚状态明显。

基于此，本书利用地理加权回归模型对武汉市社区地表温度的影响因素进行进一步探讨，具体步骤如下：①确定最优带宽；②选取空间权函数；③计算回归系数。

针对模型准确性检验，本书主要选取了拟合优度R^2、调整后的R^2、AICc值、残差平方和以及这4个指标对模型的有限性和准确性进行考量，判别准则为：拟合优度R^2和调整后的R^2越高，AICc值和残差平方和越小，则模型越优。OLS和GWR模型的比较结果如表2-12所示。

表 2-12 OLS 和 GWR 模型的比较结果

分析模型		AICc	R^2	调整后的 R^2	残差平方和
全样本	OLS	2965.206	0.619	0.616	1146.508
	GWR	2484.501	0.834	0.792	501.068
高风险区	OLS	1206.922	0.478	0.467	410.950
	GWR	991.209	0.803	0.733	154.869
中低风险区	OLS	1598.202	0.430	0.421	546.932
	GWR	1388.137	0.723	0.651	265.749

（来源：作者根据计算结果整理）

2.3.3 建成环境因素

1. 模型结果分析

根据社区建成环境影响因素类别统计各指标回归系数绝对值的平均值，对社区地表温度影响最大的是地表覆盖类影响因素，其次是建设强度类影响因素，影响最小的是建筑组合类影响因素。从单个影响因素的影响程度来看，裸露地表覆盖占比对社区地表温度的影响最大；用地混合度和容积率的影响程度较小。从回归系数的正值和负值的分布和占比来看，水体覆盖占比系数均为负值，建筑密度系数均为正值，除此之外的其余七个指标对社区地表温度均表现出正负两种不同效应，其中，裸露地表（裸地）覆盖占比、用地混合度在不同社区中对地表温度的影响以正相关为主；归一化植被覆盖指数（NDVI）、硬化地表覆盖占比、植被覆盖占比、容积率和建筑形体系数在不同社区中对地表温度的影响以负相关为主。

2. 地表覆盖类影响因素

在地表覆盖类影响因素中，裸地覆盖占比对社区地表温度的影响最大，影响最小的是硬地覆盖占比和植被覆盖占比。从各因素的正负影响作用来看，归一化植被覆盖指数（NDVI）、植被覆盖占比、水体覆盖占比、硬地覆盖占比与地表温度呈负相关，裸地覆盖占比与地表温度呈正相关。

需要解释说明的是，相较于裸地覆盖占比，植被覆盖占比对地表温度的调节作用更为显著，从而使得裸地覆盖占比的影响作用被弱化，才呈现出与地表温度的正相关。同时，由于社区规模在一环内外差异显著，一环内的社区地表温度高且受建筑影响大，所以社区硬化地表覆盖占比对地表温度的影响呈现负相关性。

3. 建设强度类影响因素

在建设强度类影响因素中，建筑密度对社区地表温度的影响显著大于容积率。从这两个因素的正负影响作用来看，建筑密度与地表温度呈正相关，容积率与地表温度呈负相关。

4. 建筑组合类影响因素

在建筑组合类影响因素中，建筑形体系数对社区地表温度的影响大于用地混合度。从这两个因素的正负影响作用来看，用地混合度与地表温度呈正相关，建筑形体系数与地表温度呈负相关。

2.3.4 高风险区影响因素

1. 模型结果分析

从GWR各指标回归系数绝对值的平均值来看，各指标对社区地表温度影响强度的排序从高到低依次为：归一化植被覆盖指数（NDVI）、建筑密度、水体覆盖占比、植被覆盖占比、硬化地表覆盖占比、用地混合度、容积率。从回归系数的正值和负值的分布和占比来看，除了归一化植被覆盖指数（NDVI）、硬化地表覆盖占比和容积率之外的其余四个指标对社区地表温度均表现出正负两种不同效应且占比各有不同。其中，植被覆盖占比和用地混合度在不同社区中对地表温度的影响以正相关为主，水体覆盖占比和建筑密度在不同社区中对地表温度的影响以负相关为主。

此外，利用GWR 4.0软件中的地理差异测试功能对各指标回归系数的异质性进行检验，构建两个GWR模型，并对两个GWR模型的AICc值进行比较。结果表明，归一化植被覆盖指数（NDVI）、硬化地表覆盖占比、植被覆盖占比、水体覆盖占比不存在空间异质性，故而转为全局变量。而容积率、建筑密度和用地混合度对社区地表温度的影响存在空间异质性。

综合以上分析，对比中低风险区内社区地表温度影响因素差异，在高风险区中将重点探讨社区归一化植被覆盖指数（NDVI）、水体覆盖占比、容积率和用地混合度这四个建成环境影响因素。依据武汉市总体规划将研究范围划分为19个街道片区，便于对比和阐释这两类高温灾害风险区中社区建成环境对地表温度的差异化影响（见图2-13）。

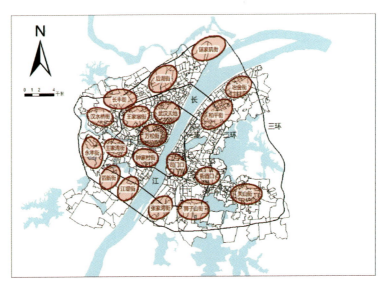

图2-13　研究范围内主要街道片区划分

（图片来源：作者自绘）

2. 归一化植被覆盖指数

社区归一化植被覆盖指数（NDVI）仅在高风险区内呈现显著负向影响，说明社区归一化植被覆盖指数的提高有利于降低高温灾害风险。高风险区内社区归一化植被覆盖指数回归系数绝对值的平均值最大，说明在此风险区内社区归一化植被覆盖指数对地表温度的影响最大。受归一化植被覆盖指数负向影响最大的社区主要分布在汉水桥街、武汉天地和王家湾等片区。在万松街、王家墩和长丰街片区，社区地表温度所受的影响趋向平缓（见图2-14）。

3. 水体覆盖占比

在高风险区和中低风险区内，社区水体覆盖占比对地表温度的影响具有较高相似性，且主要为负向影响。从回归系数的空间分布来看（见图2-15），在高风险区，社区水体覆盖占比对地表温度的影响在钟家村、万松街、汉水桥街等片区较为突出。

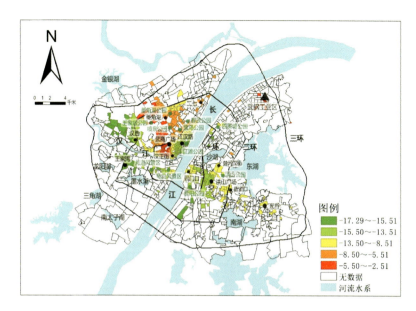

图 2-14 高风险区的社区 NDVI 回归系数空间分布

（来源：作者基于 ArcGIS 平台分析得出）

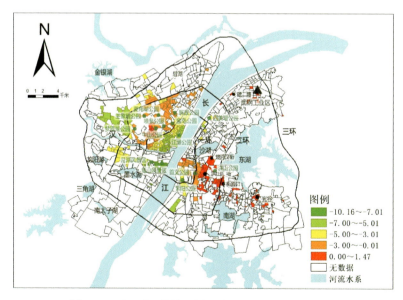

图 2-15 高风险区的社区水体覆盖占比回归系数空间分布

（来源：作者基于 ArcGIS 平台分析得出）

4. 容积率

在高风险区和中低风险区内，社区容积率对地表温度的影响具有较高相似性，且主要为负向影响。从回归系数的空间分布来看（见图2-16），在高风险地区，社区容积率对地表温度的影响呈现以武汉天地和司门口片区为核心圈层递增的空间格局。位于汉西、王家湾、街道口和光谷等商业中心周边的社区容积率对地表温度减弱作用尤为显著。

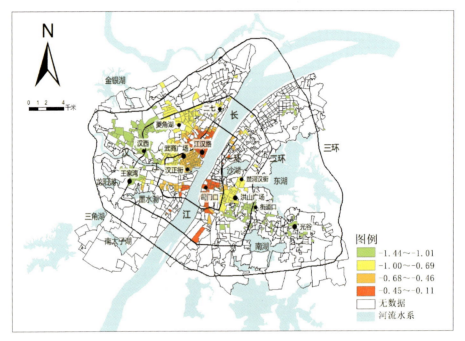

图 2-16 高风险区的社区容积率回归系数空间分布

（来源：作者基于 ArcGIS 平台分析得出）

5. 用地混合度

在高风险区和中低风险区内，社区用地混合度对地表温度的影响具有较高相似性，且主要为正向影响。从回归系数的空间分布来看（见图2-17），在高风险区，社区用地混合度对地表温度的正向影响范围相比较于中低风险区有所缩减。高风险区内社区地表温度受用地混合度正向影响显著的区域主要是汉西、菱角湖、武商广场和江汉路等商业中心周边社区。

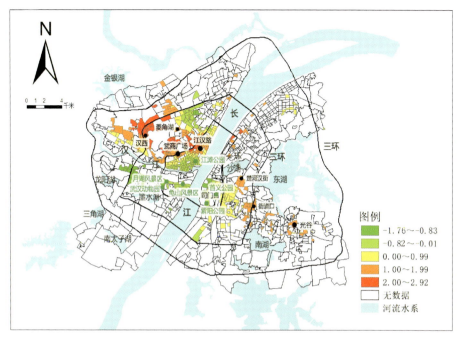

图 2-17　高风险区的社区用地混合度回归系数空间分布

（来源：作者基于 ArcGIS 平台分析得出）

2.3.5　中低风险区影响因素

1. 模型结果分析

从GWR各指标回归系数绝对值的平均值来看，各指标对社区地表温度影响强度的排序从高到低依次为：裸露地表覆盖占比、建筑密度、建筑形体系数、水体覆盖占比、植被覆盖占比、建筑覆盖占比、用地混合度、容积率。从回归系数的正值和负值的分布和占比来看，除了水体覆盖占比、容积率和建筑密度之外的其余五个指标对社区地表温度均表现出正负两种不同的效应且占比各有不同。其中，建筑覆盖占比、裸露地表覆盖占比和用地混合度在不同社区中对地表温度的影响以正相关为主；植被覆盖占比和建筑形体系数在不同社区中对地表温度的影响以负相关为主。

此外，利用GWR 4.0软件中的地理差异测试功能对各指标回归系数的异质性进行检验，结果表明，建筑覆盖占比、裸露地表覆盖占比、建筑密度、用地混合度、建筑形体系数和容积率不存在空间异质性，故而转为全局变量。而植被覆盖占比和水体覆盖占比对社区地表温度的影响存在空间异质性。

综合以上分析，对比高风险区内社区地表温度影响因素差异，在中低风险区中将重点探讨社区植被覆盖占比、建筑覆盖占比、建筑密度和建筑形体系数这四个建成环境影响因素。

2. 植被覆盖占比

在中低风险地区，社区植被覆盖占比对地表温度具有显著的负向影响，最突出的区域是谌家矶街片区（见图2-18）。后湖街、长丰街、王家墩、汉水桥街、永丰街和四新街等片区，地表温度所受影响趋向平缓。部分区域的社区植被覆盖占比对地表温度具有正向影响，主要为冶金街、司门口和街道口片区。

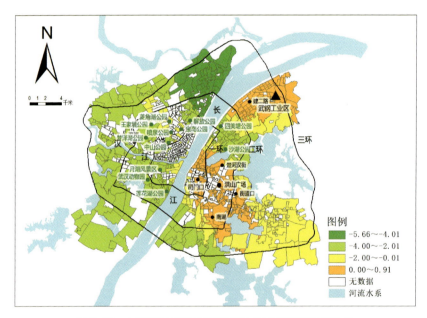

图2-18 中低风险区的社区植被覆盖占比回归系数空间分布

（来源：作者基于ArcGIS平台分析得出）

3. 建筑覆盖占比

社区建筑覆盖占比仅在中低风险区域内对地表温度呈现显著正向影响，回归系数的分布呈现以汉水桥街和永丰街片区为核心圈层递减的空间格局（见图2-19）。

在南湖周边的区域内表现出社区建筑覆盖占比对地表温度的负向影响。

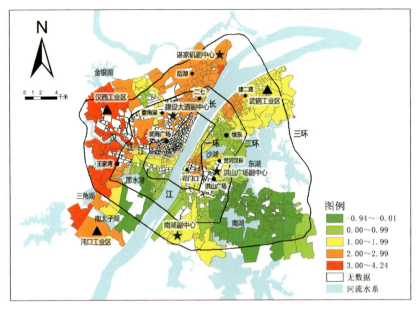

图 2-19　中低风险区的社区建筑覆盖占比回归系数空间分布

(来源：作者基于 ArcGIS 平台分析得出)

4. 建筑密度

在中低风险区，社区建筑密度对地表温度具有显著的正向影响作用，且回归系数的空间分布呈现"双核"格局，并向外呈扩散性递减态势（见图2-20）。在谌家矶、光谷鲁巷和南湖等城市的副中心，影响最大。

5. 建筑形体系数

社区建筑形体系数仅在中低风险区域内对地表温度呈现显著负向影响，受建筑形体系数负向影响最大的社区主要分布在谌家矶街片区（见图2-21）。该区域内的生态类地表覆盖多，社区建筑形体系数增加会使得建筑空间布局更疏松，地表开敞空间更多，从而提升社区内对流散热能力。相对远离该区域的关山街、街道口、狮子山街、张家湾街和永丰街等片区，社区地表温度所受的影响趋向平缓。一些区域的社区地表温度受建筑形体系数的正向影响，主要位于武钢工业区和汉西工业区。

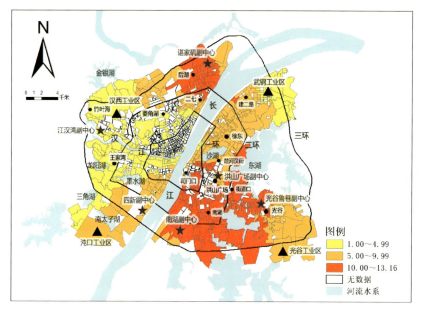

图 2-20　中低风险区的社区建筑密度回归系数空间分布

（来源：作者基于 ArcGIS 平台分析得出）

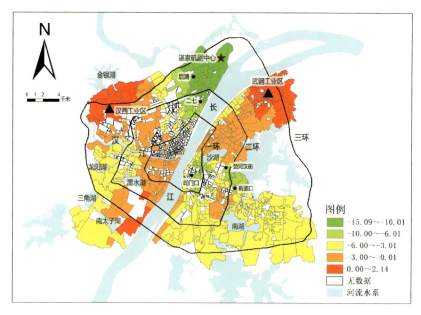

图 2-21　中低风险区的社区建筑形体系数回归系数空间分布

（来源：作者基于 ArcGIS 平台分析得出）

2.4 空间治理策略

将通过遥感技术反演所得的地表温度作为高温灾害判定的基础数据，界定社区高温灾害为发生在城市社区管理单元内，地表温度过高且持续时间较长，对人们的身心健康和日常生产生活安全造成严重影响的热环境过程。基于前文的相关研究结论，本节从降低社区致灾风险、孕灾概率和提高社区抗灾能力三个方面提出了降低高温灾害风险的社区建成环境总体优化策略。此外，结合前文高风险区识别及社区建成环境主要影响因素和空间异质性分析结果，以汉口沿江旧租界片区和长丰-汉西工业片区为例，针对不同城市地带的高风险社区建成环境提出差异优化策略。

2.4.1 降低高温灾害风险的优化

1. 塑造紧凑集约的建成环境，降低社区致灾风险

社区致灾风险受建筑密度、容积率、用地混合度等建成环境要素影响，而以容积率和建筑密度为主的建成环境表现尤为突出，其中社区容积率对地表温度呈现负向影响，而建筑密度为正向影响。因此，降低社区致灾风险就意味着要塑造紧凑集约型的建成环境，应从优化社区用地组织结构和调控社区建筑组合形态入手。

1）**优化社区用地组织结构**

一方面，构建适应气候特点的社区用地组织结构，营造顺应城市主导风向的通风廊道。武汉市夏季主导风向为西南风，建议在社区内部适当拓展公共开敞空间，形成社区良好的通风廊道，加强社区内部通风散热效果。另一方面，严格控制建筑密度、容积率等相关建设指标，因地制宜进行分散集中化建设，改变粗放式和低标准的社区建设模式，提倡紧凑高效的发展理念。同时倡导社区内部绿地补偿政策，由增量扩展向存量盘活转变，适应城市发展和新时代需求，为营造健康安全的社区内部环境提供保障。

2）**调控社区建筑组合形态**

一方面，主要采用"界面控制—形态优化"双重管控进行引导。社区临街建筑的界面设计要富有层次性、连续性，如布局错落有致的退台式建筑，有利于街谷风向社区内部渗透；社区临街建筑的形态优化应注重开敞性、通透性，如底层架空的建筑群体，能够有效调节街道步行空间的微气候。另一方面，严格控制建筑密集型社区的建筑高度，建筑群体要保留适度的间距，建筑体量应与建筑平面布局相协调，二维平面布局应向三维立体化布局转变，适当设置屋顶绿化和采用绿色节能建筑，设定绿色建筑节能减排相关标准，建构绿色建筑设计准则。

2. 营造蓝绿交织的建成环境，降低社区孕灾概率

社区孕灾概率受植被和水体等生态类地表覆盖的负向影响显著，植被和水体具有良好的降温作用，可以有效降低社区孕灾环境敏感性，高温灾害发生的概率小。因此，降低社区孕灾概率就需要营造蓝绿交织的建成环境，可通过构建点线面相结合的绿化布局和设置植被水体搭配的雨洪景观来实现。

1）构建点线面相结合的绿化布局

在社区内适宜采用"点—线—面"相结合的绿化布局，形成完善的植被绿化体系，以达到对社区良好的降温效果，降低高温灾害发生的可能性。对于内部开敞空间有限的社区，绿色植被的植入应当适应社区内建筑空间布局进行点缀式植被绿化；而对于内部可利用空地较多的社区，可考虑用复合型植被搭配的多样性结构让社区覆绿。此外，应根据社区内不同建筑空间围合方式，采用"见缝插绿"的手法，合理进行用地景观布设。对于围合式建筑组团而言，在社区公共节点处优先布局中心绿地，以降低社区地表温度；对于分散式建筑组团而言，在社区内部集中布局宅前绿地，从而进行小气候的适应性优化，以期降低社区孕灾环境敏感性。

2）设置植被水体搭配的雨洪景观

考虑到社区内水体覆盖占比大多呈现占比不足的情况，且通常引水工程的施工量大且不易实现，因而可考虑提升社区地表的含水量。基于雨洪调控机理，对社区内不同用地类型应当结合不同规划指标要求，因地制宜进行地表径流总量控制，提升社区对雨水资源的利用率。尤其对于不透水面积占比高、土壤入渗率低的地方，可将植物和水体相结合设置雨洪景观来提高社区内地表的透水面积，如雨水花园、下沉绿地、引流式绿地、透水铺装等。同时，在条件允许的基础上，考虑将部分人工硬化地表置换为生态类地表。植被和水体的比热容明显高于人工地表，可以有效降低太阳热辐射下的社区地表得热率，通过蒸腾蒸发作用来改善社区热环境。

3. 打造设施完备的建成环境，提高社区抗灾能力

城市社区高温灾害的发生会对居民健康造成严重威胁，老年人和婴幼儿等弱势群体的健康水平受高温灾害影响显著。社区作为人居环境高质量发展的基本单元，更应当聚焦城市热环境中的高暴露群体，关注老龄化社区和低龄化社区，坚持以人为本，践行生态优先发展的基本思路。因此，提高社区抗灾能力需要打造设施完备的建成环境。针对高暴露群体，需要增设供给儿童友好型空间和完善提升适老型无障碍及康养设施。

1）增设供给儿童友好型空间

在绿色和生态人居的理念下，提升人居环境生态化水平，有效加强健康行为活动，可减少婴幼儿等人群健康风险的暴露。提高社区内植被和水体覆盖占比，增加社区下垫面的含水量，促进对流散热，为儿童提供遮阴纳凉的公共空间和游憩休闲的场所；在满足儿童生态空间可达性和可获得性的前提下，增加社区内宅间道路布局的多样性与趣味性，为儿童提供安全便捷和有吸引力的生态空间，并引导其进行自然体验活动，以降低在高温环境中的暴露，促进其身心健康。

2）完善提升适老型无障碍及康养设施

中国的老龄化率不断攀升而生育率持续走低，在人口老龄化日趋严重的环境下，应更加注重老年群体的活动需求，制定差异化社区建设标准，避免通用化规范指标，优化适老宜老社区建成环境。完善无障碍设计，提高老年人开展户外活动的可能性；提升配套设施水平，提高老年人户外设施使用率；丰富公共活动空间，通过植入景观植物、塑造休憩小品、完善绿化系统，营造舒适生活氛围，打造老年人宜居社区。科学合理进行植被的选择与布局，不仅可以发挥园艺植物的景观美学效能，还可以改善局部微气候，营造闲适的康养环境。将社区传统养老与康复环境相结合，更加有效地促进老年人生理和心理健康，从而提高社区抗灾能力。

2.4.2 不同地带的差异优化

1. 汉口沿江旧租界片区

1）现状问题

汉口沿江旧租界片区位于江岸区长江滨水区域（见图2-22），具有良好的生态

区位优势，毗邻武汉市长江通风廊道，但片区内的社区归一化植被覆盖指数都不足0.25，总体社区的植被覆盖水平低。这是因为汉口沿江旧租界片区在历史发展过程中，主要呈现小街小巷的道路布局，道路狭窄且地租高。同时，该片区遗留了大量建筑密度高的老旧社区，社区人口高度集中，绿化植被空间稀缺。

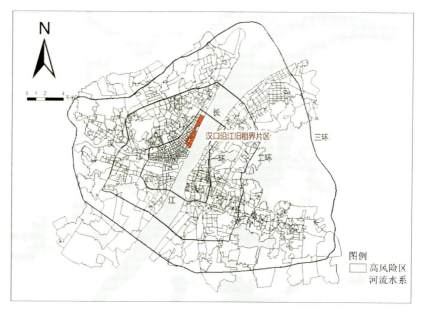

图 2-22　汉口沿江旧租界片区位置

（来源：作者自绘）

2）主要影响因素

从高风险区社区地表温度的主要影响因素分析结果可知，影响该地区高温灾害风险的最主要因素是植被覆盖水平和水域富集程度，且这两个社区建成环境因素对地表温度都呈现负向影响。该片区的社区地处滨江地区，通过蒸腾蒸发和对流散热作用，长江对社区热环境具有一定的调节作用，且有利于社区内部水系引入，然而，从高温灾害风险评估结果来看，社区的高温灾害风险仍处于较高水平，所以植被覆盖水平低才是导致该片区内社区高温灾害风险高的关键因素。

3）优化策略

降低汉口沿江旧租界片区的高温灾害风险就意味着要提高社区的植被覆盖

水平，该片区内社区建成环境优化模式可归纳为"疏解—盘活—覆绿"（见图 2-23）。通过拆除局部破旧建筑、挖掘街道空间、布设口袋公园、鼓励庭院种植的方式来增加社区内的绿量，提高植被覆盖水平，并聚微成网构建社区生态植被网络，激活社区内部的绿色空间，降低高温灾害风险水平。

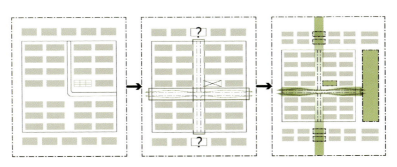

图 2-23　汉口沿江旧租界片区社区建成环境优化模式

（来源：作者自绘）

汉口沿江旧租界片区社区建成环境的主要优化途径包括以下四点：适度疏解和管控部分建筑、充分挖潜和盘活街道空间、合理增设社区口袋公园、鼓励补贴院落内部植被种植。

（1）适度疏解和管控部分建筑。

在满足相关城市设计要求的基础上，对质量差且易拆迁的低层零散建筑可以进行优先拆除，提高社区内的建筑空间有效利用率；对部分高层建筑进行量化管控，在保持现有存量建筑布局的情况下疏解空间，改善过于密集的现状，提升社区内的开敞度和散热水平。腾空的用地空间可进行适当覆绿，使社区内形成良好的绿化布局。

（2）充分挖潜和盘活街道空间。

该片区内人行道密度高但人行道树木的配比较低，布置形式单一，可考虑在符合相关技术要求的基础上适当缩减机动车道宽度，拓宽人行道，对人行道两侧的公共空间进行充分挖掘，因地制宜种植适应地域气候条件的行道树。同时，在部分人行道交叉口，结合低效建筑前空间，打造街道景观节点，提升街道空间的舒适性和激发公共空间的活力。

（3）合理增设社区口袋公园。

规整社区内的有效绿地斑块，打造社区口袋公园，按照"乔木—灌木—草地"复合型植被搭配结构，进行绿地的优化布局，形成多层次的景观系统。同时，可结合旱溪、雨水花园和下凹式绿地提升社区内生态景观的丰富性，并采用透水铺装来加强雨水处理能力，有效增加社区空气湿度，降低地表温度。

（4）鼓励补贴院落内部植被种植。

积极利用建筑院落的内部空间，打造庭院生态景观，对使庭院内"增绿"的行为给予一定补贴。考虑利用嵌草砖、植草砖等透水铺装进行铺地，并搭配复合型植被配置，提升社区加湿降温能力，以期降低高温灾害风险水平。

2. 长丰-汉西工业片区

1）现状问题

长丰-汉西工业片区位于二环线西北段周边（见图2-24），该片区内社区容积率普遍不高，并且由于工业用地的开发粗放，片区内拥有一大批基底面积大的厂房建筑，工业厂房在生产过程中排放的大量余热会加剧社区内热环境的恶化，不利于提升社区的宜居性；此外，大量的人工硬化地表使得植被覆盖占比呈现低水平。同

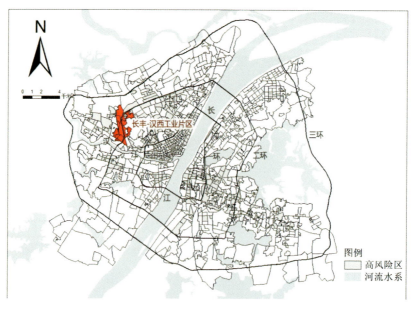

图 2-24 长丰-汉西工业片区位置

（来源：作者自绘）

时，该片区内社区用地混合度高，主要表现为工业用地和居住用地混合。

2）主要影响因素

从高风险区社区地表温度的主要影响因素分析结果可知，导致该片区高温灾害风险较高的主要因素是容积率和用地混合度，但成效显著性不同。该片区内社区地表温度受容积率的负向影响和用地混合度的正向影响。从影响力度来说，相较于高风险区内其他片区的社区，该片区社区地表温度受容积率负向影响最大，且受用地混合度的正向影响最大。

3）优化策略

降低长丰-汉西工业片区的高温灾害风险就意味着要适当提高社区容积率和降低用地混合度，该片区内社区建成环境优化模式可归纳为"整合—提容—增绿"（见图2-25）。通过将工业用地集中布局，将原本混杂的工业用地和居住用地剥离，促进低效存量工业用地的转型，增加工业用地与居住用地之间的生态屏障，以期从片区热环境的调节来改善社区内部热环境，从而有效降低高温灾害风险水平。

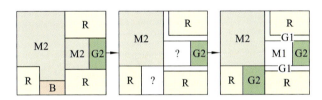

图 2-25　长丰 - 汉西工业片区社区建成环境优化模式

（来源：作者自绘）

长丰-汉西工业片区社区建成环境的主要优化途径包括以下两点：适度提高工业用地集约集中、合理降低工业用地和居住用地的混杂。

（1）适度提高工业用地集约集中。

应当结合城市更新改造需求，考虑将现阶段片区中分散的工业用地进行有效整合，采取集中集约的空间布局形式，从而缩小工业厂房排热的覆盖范围，并鼓励低效工业厂房向创新型工业厂房转型，提高社区内的容积率，从而通过调节整体片区的热量覆盖降低社区高温灾害风险水平。

（2）合理降低工业用地和居住用地的混杂。

通过对工业园区的更新改造，积极推进工业企业入园和集中化，从而剥离居住用地和工业用地，并通过防护绿地等形式植入绿化植被，将工业用地和居住用地有效分离。可以选择较为高大的乔木并采用半封闭式平面布局，适当提高植被郁闭度和连续性，丰富社区内的绿量。乔木的大冠幅不仅可以有效阻挡工业区生产排放的热量和污染物颗粒进入社区，而且可以提高社区内的有效遮阴面积，形成一定范围的阴凉区域，以改善社区内的热环境状态，从而起到降低高温灾害风险的效果。

3 空气污染暴露风险

3.1 空气污染暴露数据与模型

1. 研究数据

1）PM$_{2.5}$浓度监测数据

PM$_{2.5}$浓度监测数据来源于中国空气质量在线检测分析平台（https：//www.aqistudy.cn）。本研究使用火车头数据爬取工具，爬取了2017年4月17日至23日，武汉市10个国控监测站点的小时PM$_{2.5}$浓度数据，作为PM$_{2.5}$浓度测度模型的因变量。监测站点分别为沉湖七壕、东湖高新、东湖梨园、沌口新区、汉口花桥、汉口江滩、汉阳月湖、青山钢花、吴家山、武昌紫阳，具体分布如图3-1所示。监测站点污染物浓度数据来自国家空气质量自动监测点位的实时监测数据，具有可靠性。

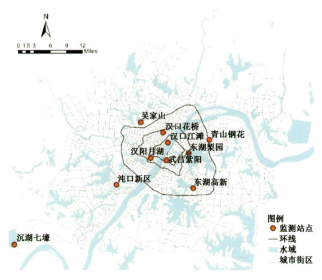

图 3-1　武汉市空气污染监测站空间分布

（来源：作者自绘）

2）气溶胶光学厚度数据

气溶胶光学厚度数据（AOD）来源于地球观测研究中心（EORC），下载自日本航空航天局Himawari-8的气溶胶观测数据（https：//www.eorc.jaxa.jp）。数据的空间分辨率为2 km，时间精度为1小时。本研究构建了以国控站点监测的小时PM$_{2.5}$浓度为因变量，以小时气溶胶光学厚度数据为主要自变量的地理加权回归模型，测算了武汉市都市发展区范围内的小时$PM_{2.5}$浓度。

3）人口统计数据

武汉市社区人口统计数据由武汉市现状人口数据、武汉市第三次统计经济单位数据、社会保障个体居住就业原数据和工会会员居住就业原数据组成①。本研究选取0~6岁、19~59岁和65岁以上年龄段人群作为研究对象，将各年龄段人群按人口比例划分为相等的人口十分位数，计算每个人口十分位数的平均$PM_{2.5}$污染暴露量，探究污染暴露风险的年龄分异，并对社区分级探究不同年龄人群$PM_{2.5}$污染暴露风险的空间分异。最后，计算易感人群和$PM_{2.5}$浓度之间的基尼系数，并进行LISA双变量分析，探究易感人群$PM_{2.5}$污染暴露的差异性。

4）社区房价数据

武汉市社区房价数据来源于安居客网站（https://wuhan.anjuke.com），通过使用火车头软件进行数据爬取获得。本研究以社区房价表征社区人群收入，探究$PM_{2.5}$污染暴露风险的收入分异。其次，按照房价数值将社区划分为高、中、低三类，结合加权$PM_{2.5}$浓度的社区分类结果，划分出9类$PM_{2.5}$污染暴露风险社区，探究不同收入人群$PM_{2.5}$污染暴露风险的空间分异。

5）LBS数据

LBS数据来源于某移动应用云服务及大数据平台提供商，内容涵盖2017年4月17日至4月23日一周时间内出现在武汉都市发展区范围内的独立手机终端用户位置数据。本研究采用估算的方式，利用LBS数据解析出居民日常通勤出行OD图。在武汉都市发展区范围内共识别出386万个OD通勤对，约占2014年人口调查统计数据（834万人）的46%，可以反映出城市职住分布特征。

6）土地利用数据

武汉市2010年土地利用数据为土地利用现状数据，主要包括居住用地、商业服务用地、工业用地、绿地与广场用地等的空间分布与面积大小。本研究选取居住用地占比、工业用地占比、商业用地占比、绿地与广场用地占比、容积率、建筑密度

---

① 单卓然，张衔春，黄亚平. 武汉都市发展区及主城区城镇常住人口空间分布格局——基于2010年第六次人口普查数据[J]. 人文地理，2016，31（2）：61-67.

和主干道密度共7个建成环境指标。

7）植被指数数据

植被指数数据主要是指NDVI数据，在地理空间数据云网站（http：//www.gscloud.cn/）下载获得，数据精度为500 m。在本研究中，植被指数数据被作为测算$PM_{2.5}$浓度地理加权回归模型的自变量之一。

8）道路交通数据

道路交通数据来源于OpenStreetMap（https：//www.openstreetmap.org/），使用Q-GIS软件在网站中爬取获得，包括主干道、次干道、支路和其他道路等，主要属性有道路名称、类型、长度等。本研究主要使用路网数据进行城市街区步行指数的测度。此外，将主干道密度作为指标纳入$PM_{2.5}$污染暴露高风险地区的聚类分析。主干道分布图如图3-2所示。

图 3-2　主干道分布图

（来源：作者自绘）

2. 研究方法

1）污染物浓度测算

污染物浓度测算是指通过寻找因变量与自变量之间的关系建立回归模型，从而对研究区域内污染物浓度进行测算的方法。本研究基于ArcGIS地理信息系统，以$PM_{2.5}$监测数据为因变量，以AOD（气溶胶数据）、监测站点500米半径缓冲区内道路长度、人口密度、植被指数和距工业污染源的距离为自变量构建地理加权回归模型，对武汉市都市发展区范围内$PM_{2.5}$浓度进行测算，其结果作为$PM_{2.5}$污染暴露风险计算的基础。

2）GIS空间分析

GIS空间分析是指在地理信息系统中实现空间数据分析，即从空间数据中获取有关分析单元的空间位置、大小、形态等信息进行分析。本研究通过结合$PM_{2.5}$污染暴露强度和步行指数空间分布，研究城市街区$PM_{2.5}$污染暴露风险的总体空间格局和分类分布特征。通过结合加权$PM_{2.5}$浓度和不同社会属性人群空间分布，研究$PM_{2.5}$污染暴露风险的社区人群空间分布分异。

3）SPSS数理统计分析

SPSS数理统计分析是通过SPSS软件对数据进行分析统计，根据数据特征得出一般性规律的分析过程。本研究针对高$PM_{2.5}$污染暴露风险地区，选取居住用地占比、工业用地占比、商业用地占比、绿地与广场用地占比、容积率、建筑密度和主干道密度共7个建成环境指标，在SPSS软件中，对高暴露风险地区进行聚类分析，探究每类地区的影响因素特征。研究结果作为降低$PM_{2.5}$污染暴露风险，差异化优化建成环境的重要参考依据。

3.2　$PM_{2.5}$污染暴露的街区空间格局

城市街区是居民日常活动频繁发生的空间，本研究采用交通小区作为城市街区边界，拟研究$PM_{2.5}$污染暴露风险的街区空间格局及其空间分布的差异性。首先，研究论述了武汉都市发展区2017年4月17日至23日168个小时$PM_{2.5}$浓度的测算过程。其次，结合同时段小时LBS数据所表征的人口动态分布数据，计算了每小时城市街区的$PM_{2.5}$污染暴露强度，并分析其日变化特征和小时变化特征。随后，测算了城市街区的步行指数。在此基础上，结合$PM_{2.5}$污染暴露强度和步行指数划分出9类$PM_{2.5}$污染暴露风险的城市街区,从不同维度总结了城市街区PM$_{2.5}$污染暴露风险的总体空间格局,并揭示不同类别PM$_{2.5}$污染暴露风险城市街区的空间分布特征。最后采用基尼系数和LISA(局部空间自相关)测度城市街区PM$_{2.5}$污染暴露风险的差异性。

3.2.1 暴露强度测算

1. PM$_{2.5}$小时浓度测算

本研究在ArcGIS地理信息系统中,采用地理加权回归模型对武汉都市发展区范围内的小时PM$_{2.5}$浓度进行测算。结果显示,除沌口新区R^2略低以外,其余R^2均在0.6以上,说明模型拟合效果较好。选取4月23日早上9点、下午6点监测站点处PM$_{2.5}$浓度的拟合结果进行展示,如表3-1所示。

表3-1　监测站点处PM$_{2.5}$浓度拟合结果

监测站点	时间	监测值	预测值	R^2	偏差	误差率
东湖梨园	9:00	36	35.06	0.86	0.94	2.60%
	18:00	33	33.40	0.85	−0.40	−1.20%
汉阳月湖	9:00	41	43.88	0.83	−2.88	−7.03%
	18:00	39	41.67	0.81	−2.67	−6.85%
汉口花桥	9:00	44	41.55	0.85	2.45	5.58%
	18:00	43	40.68	0.84	2.32	5.40%
武昌紫阳	9:00	42	41.41	0.85	0.59	1.42%
	18:00	40	38.05	0.83	1.95	4.87%
青山钢花	9:00	57	55.78	0.87	1.22	2.13%
	18:00	55	53.84	0.86	1.16	2.10%
沌口新区	9:00	42	41.22	0.64	0.78	1.86%
	18:00	40	38.34	0.46	1.66	4.16%
汉口江滩	9:00	40	41.97	0.85	−1.97	−4.92%
	18:00	38	40.36	0.84	−2.36	−6.20%

续表

监测站点	时间	监测值	预测值	R^2	偏差	误差率
吴家山	9：00	44	42.90	0.84	1.10	2.49%
	18：00	42	41.66	0.83	0.34	0.81%
沉湖七壕	9：00	33	33.16	0.93	−0.16	−0.49%
	18：00	32	32.15	0.89	−0.15	−0.45%
东湖高新	9：00	39	41.85	0.86	−2.85	−7.30%
	18：00	38	40.62	0.84	−2.62	−6.90%

（来源：作者自绘）

根据地理加权回归模型结果，监测站点处的$PM_{2.5}$浓度与AOD（气溶胶数据）和道路长度关系较为显著。在各因子中，$PM_{2.5}$浓度与AOD、监测站点500米半径缓冲区内道路长度、人口密度呈正相关，与植被指数和距污染源距离呈负相关。研究选取4月23号早上9点和下午6点的模型系数进行展示，如表3-2所示。

表3-2 地理加权回归模型各因子系数

监测站点	时间	AOD	植被指数	道路长度	人口密度	距污染源距离	截距
东湖梨园	9：00	7.02	−11.56	0.000257835	18110.14	−0.000171054	41.60
	18：00	16.92	−12.76	0.000163637	1965.76	−0.00019707	41.70
汉阳月湖	9：00	8.42	−11.83	0.000234029	19474.55	−0.000216725	42.29
	18：00	18.46	−12.21	0.000136912	2388.29	−0.000243142	42.09
汉口花桥	9：00	8.51	−12.14	0.000236627	18015.10	−0.000214932	42.53
	18：00	18.06	−12.52	0.00014824	3332.29	−0.000240775	41.97
武昌紫阳	9：00	7.57	−11.59	0.000248293	19005.22	−0.000189651	41.80
	18：00	17.65	−12.49	0.000150866	1896.02	−0.000215749	41.88
青山钢花	9：00	6.84	−11.66	0.000261341	17314.09	−0.000163524	41.62
	18：00	16.50	−12.92	0.00017094	2256.18	−0.000189297	41.61

续表

监测站点	时间	AOD	植被指数	道路长度	人口密度	距污染源距离	截距
沌口新区	9:00	8.37	−11.09	0.000135105	22155.90	−0.000253998	43.83
	18:00	17.65	−9.56	0.000021287	1318.25	−0.000277242	43.65
汉口江滩	9:00	8.02	−11.92	0.000243091	18232.35	−0.000201318	42.20
	18:00	17.76	−12.56	0.000151657	2740.82	−0.000226811	41.90
吴家山	9:00	10.14	−12.66	0.000213267	18360.26	−0.000262809	43.43
	18:00	19.38	−12.17	0.00012924	4945.37	−0.000294027	42.28
沉湖七壕	9:00	5.57	−12.73	0.000135672	29520.04	−0.00043611	45.89
	18:00	10.94	−4.43	0.000005134	11290.73	−0.000453621	42.97
东湖高新	9:00	5.92	−10.76	0.000273348	19628.86	−0.000139094	40.58
	18:00	16.41	−12.70	0.000167631	402.86	−0.000169757	41.59

（来源：作者自绘）

以城市街区作为统计单元，统计城市街区内的平均$PM_{2.5}$浓度作为该街区的$PM_{2.5}$浓度。选取4月17日至23日，每日早上9点、中午12点和下午6点作为结果展示，如图3-3所示。总体上看，$PM_{2.5}$浓度呈现出外高内低、西高东低的空间格局。$PM_{2.5}$浓度较高的城市街区主要是城市"退二进三"中高污染企业的承接者。三环内$PM_{2.5}$浓度呈多中心格局，浓度较高的区域集中在一环内汉口区域、青山区武钢厂区和光谷地区。除此之外，大型生态空间如东湖附近的$PM_{2.5}$浓度相对较低。

2. 人口动态分布

依据LBS数据分析，在武汉市都市发展区范围内出现的人数为平均2175975人/天，产生出行活动的人数为289714人/天。出行时间主要集中在早上6点至晚上8点之间，出行高峰时间为早上8点至9点，中午12点至下午1点之间。本研究进一步选择早上9点、中午12点、下午6点探究人口的动态分布变化。根据人口数量，采用自然断点法，将社区分为5类并进行可视化，结果如图3-4所示。

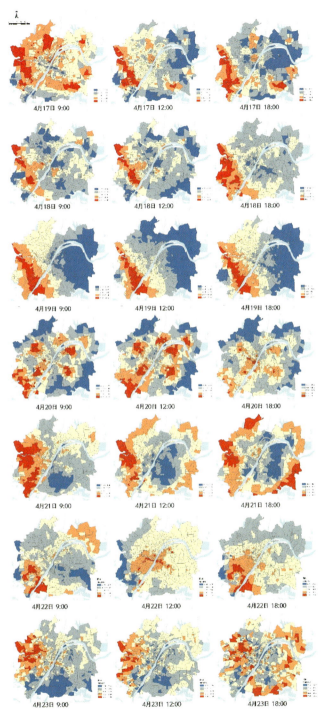

图 3-3 武汉市城市街区逐时 $PM_{2.5}$ 浓度空间分布图

(来源：作者自绘)

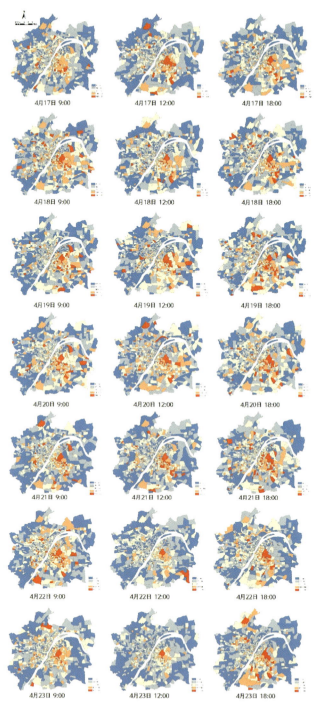

图 3-4 武汉市城市街区逐时人口空间分布图

（来源：作者自绘）

根据分析结果，人口分布体现出东高西低的空间分布特征。在三环内，人口数量较多的城市街区分布广泛，主要在长江以东呈连片蔓延态势。在三环外，人口数量较多的城市街区大多以组团或者点状分布。

3. PM$_{2.5}$污染暴露强度测度

空气污染暴露表征人群在一段时间内与空气污染的接触程度，因此与公众健康有着更加直接的联系。识别出空气污染高暴露区域，对降低空气污染对人群健康的影响具有重要作用。因此，本研究引入PM$_{2.5}$污染暴露强度作为研究空气污染暴露的指标。分别计算每小时城市街区的PM$_{2.5}$污染暴露强度，再进行求和得到城市街区总的PM$_{2.5}$污染暴露强度。根据求和结果，采用自然断点法将城市街区分为5个等级，其结果如图3-5所示。

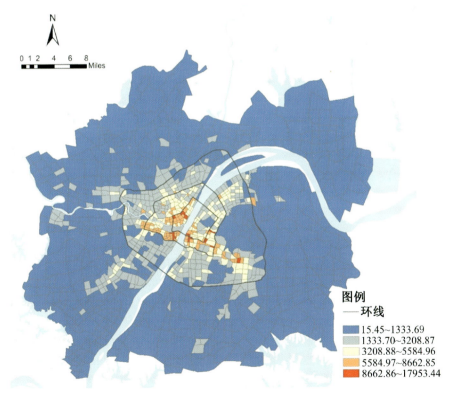

图3-5 城市街区PM$_{2.5}$污染暴露强度汇总结果

(来源：作者自绘)

3.2.2 暴露风险分类

1. 城市街区的步行指数测度

步行指数（walk score）是步行性测度方法中具有一定代表性且在国际上通用的计算方法，主要包括单点步行指数和面域步行指数[1]。其计算方法综合考虑了土地利用混合度、街区尺度和道路交叉口密度[2]。其中土地利用混合度以服务设施的数量、空间分布及类别丰富度表征。

1) 基础步行指数测度

基础步行指数是通过计算某一点到达一定范围内不同服务设施的距离得到的。服务设施数量越多、类别越丰富、距离越近，计算得出的基础步行指数越高。纳入计算的服务设施主要有10个小类，分别为杂货店、餐馆、商场、咖啡店、银行、公园、学校、书店、娱乐场所、医院。根据不同服务设施的重要性和可替代性进行权重打分[3]，最终权重总和为16，如表3-3所示。

表3-3 服务设施分类及权重

设施分类	设施名称	权重
购物	杂货店	3
	商场	2
餐饮	餐馆	3
	咖啡店	2
休闲	书店	1
	公园	1
	娱乐场所	1
公共服务	医院	1
	学校	1
	银行	1
总计		16

（来源：作者自绘）

---

[1] 卢银桃，王德. 美国步行性测度研究进展及其启示 [J]. 国际城市规划，2012，27（1）：10-15.
[2] 陈曦，冯建喜. 基于步行性与污染物暴露空间格局比较的建成环境健康效应——以南京为例 [J]. 地理科学进展，2019，38（2）：296-304.
[3] 卢银桃，王德. 美国步行性测度研究进展及其启示 [J]. 国际城市规划，2012，27（1）：10-15.

在此基础上，考虑行人可以接受的步行时间和距离，对不同服务设施的权重进行衰减，计算出发点的基础步行指数。根据已有研究，假定当服务设施距离出发点500米以内，即步行5分钟时距内，不发生衰减；当服务设施距离出发点500米到1000米之间，即步行5分钟到10分钟时距内，衰减率为25%；当服务设施距离出发点1000米到1500米之间，即步行10分钟到15分钟时距内，衰减率为88%；当服务设施距离出发点1500米以上，衰减率大于1，即1500米以外的服务设施对出发点的基础步行指数无影响[1]。计算距离衰减后，将出发点周边各类服务设施的权重进行求和，即可得到出发点的基础步行指数。

2）单点步行指数测度

在得到出发点的基础步行指数后，根据网格单元内的交叉口密度和街区尺度对基础步行指数进行进一步衰减得到单点步行指数。其中，交叉口密度和街区尺度衰减率各分为六级，衰减率最大为5%（见表3-4），结果如图3-6所示。

表3-4 交叉口密度、街区尺度衰减率对照表

街区尺度/米	衰减率/（%）	交叉口密度/（个/英里²）	衰减率/（%）
<120	0	>200	0
120～150	1	150～200	1
150～165	2	120～150	2
165～180	3	90～120	3
180～195	4	60～90	4
>195	5	<60	5

（来源：walkscore.com）

3）面域步行指数测度

计算得出单点步行指数后，以网格人口比重为权重，计算城市街区的面域步行指数。网格人口比重是网格内的人口数量与总人口数量的比，网格内的人口数量通过将网格质心与武汉市社区人口统计数据进行空间连接获得，最终结果如图3-7所示。

---

[1] 吴健生，秦维，彭建，等. 基于步行指数的城市日常生活设施配置合理性评估——以深圳市福田区为例[J]. 城市发展研究，2014，21（10）：49-56.

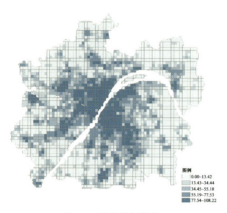

图 3-6　单点步行指数

（来源：作者自绘）

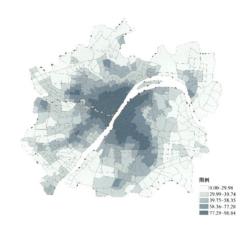

图 3-7　面域步行指数

（来源：作者自绘）

如图3-7所示，武汉都市发展区内，城市街区的步行指数呈现"一体多次，发散衰减"的空间格局。其中"一体"是指武汉市的7个主城区三环内的区域，7个主城区包括江汉区、硚口区、江岸区、汉阳区、武昌区、洪山区和青山区。"多次"是指三环外存在的多个步行指数较高的次级中心，分别为蔡甸区蔡甸街、经济开发区沌阳街、东西湖区吴家山街、新洲区阳逻街、江夏区纸坊街和黄陂区盘龙城经济开发区等。

2. 城市街区的$PM_{2.5}$污染暴露风险分类

根据城市街区小时$PM_{2.5}$污染暴露强度，采用分位数分类法将城市街区划分为高、中、低三个等级，并分别赋值3、2、1，共进行168次分类赋值。在此基础上，对城市街区每小时的分值进行汇总。最终结果的分值越大，说明该城市街区处于高强度等级$PM_{2.5}$污染暴露的时间越长，即该城市街区的污染暴露风险越稳定。将根据$PM_{2.5}$污染暴露强度和步行指数的城市街区分类结果进行结合，可以划分出9类$PM_{2.5}$污染暴露风险的城市街区：高$PM_{2.5}$污染暴露强度-高步行指数、高$PM_{2.5}$污染暴露强度-中步行指数、高$PM_{2.5}$污染暴露强度-低步行指数、中$PM_{2.5}$污染暴露强度-高步行指数、中$PM_{2.5}$污染暴露强度-中步行指数、中$PM_{2.5}$污染暴露强度-低步行指数、低$PM_{2.5}$污染暴露强度-高步行指数、低$PM_{2.5}$污染暴露强度-中步行指数和低$PM_{2.5}$污染暴露强度-低步行指数。其中，低$PM_{2.5}$污染暴露强度-高步行指数城市街区有利于居民的健康，风险最低。而高$PM_{2.5}$污染暴露强度-高步行指数、高$PM_{2.5}$污染暴露强度-中步行指数、高$PM_{2.5}$污染暴露强度-低步行指数城市街区均有较大的污染暴露风险。分类结果如图3-8所示。

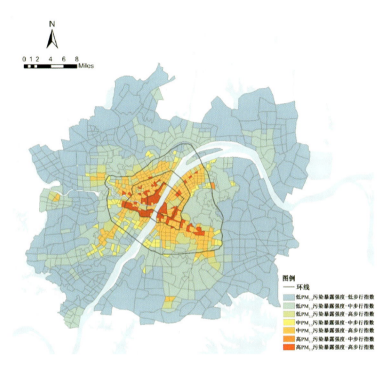

图 3-8　城市街区 $PM_{2.5}$ 污染暴露风险分类

（来源：作者自绘）

3.2.3　暴露风险的空间格局

1. 总体格局

1）"内高外低"圈层递减

（1）一环内高风险集聚。

一环内主要分布高暴露风险城市街区，这些城市街区的$PM_{2.5}$浓度较高，同时步行性较高，人口活动密集，暴露风险集聚。各类别城市街区数量及面积如表3-5所示，对比来看，暴露风险较高的前两类城市街区数量占比达到97.01%，面积占比达83.44%，是一环内主要的城市街区。三类城市街区的$PM_{2.5}$浓度和步行指数递减，前两类的人口密度显著高于第三类,表明在一环内$PM_{2.5}$浓度越高的地区,人口越密集,街区步行性越高,空气污染暴露风险越大。

表3-5 一环内各类$PM_{2.5}$污染暴露风险城市街区数据

城市街区的风险类别	数量	面积 /km²	人口密度 /(人/km²)	步行指数	$PM_{2.5}$浓度 /(μg/m³)
高$PM_{2.5}$污染暴露强度-高步行指数	42	14.37	193.11	92.10	33.01
中$PM_{2.5}$污染暴露强度-高步行指数	23	14.80	102.51	89.45	32.88
低$PM_{2.5}$污染暴露强度-高步行指数	2	5.79	32.91	88.88	32.74

(来源:作者自绘)

(2)一环至二环之间以中高风险为主。

一环到二环之间,以中$PM_{2.5}$污染暴露强度-高步行指数城市街区为主,呈现中高风险。总体特征为人群活动密集的区域,$PM_{2.5}$浓度较高,步行性较高,居民污染暴露风险较高。一环到二环之间共有163个城市街区,各类别数量及面积如表3-6所示,对比来看,"高-高"类城市街区的人口密度、步行指数和$PM_{2.5}$浓度均高于其他两类,暴露风险高。"中-高"类城市街区的人口密度和步行指数居中,$PM_{2.5}$浓度相对较低,暴露风险较高。与前两类相比,"低-高"类城市街区人口密度和步行指数较小,$PM_{2.5}$浓度居中,因此暴露风险较低。总的来说,一环到二环之间仍是以中高风险为主。

表3-6 一环到二环之间各类$PM_{2.5}$污染暴露风险城市街区数据

城市街区的风险类别	数量	面积 /km²	人口密度 /(人/km²)	步行指数	$PM_{2.5}$浓度 /(μg/m³)
高$PM_{2.5}$污染暴露强度-高步行指数	68	22.53	206.68	87.96	33.25
中$PM_{2.5}$污染暴露强度-高步行指数	87	53.03	99.82	87.42	33.01
低$PM_{2.5}$污染暴露强度-高步行指数	8	6.74	45.55	83.95	33.18

(来源:作者自绘)

(3)二环至三环之间多类并存,风险差异显著。

总体结果表明，PM$_{2.5}$污染具有空间分布的不均衡性，二环到三环之间多种类别的城市街区混合分布，暴露风险差异显著，呈"内高外低"的分布趋势。二环到三环之间，共有6类城市街区，数量为294个，其中，中PM$_{2.5}$污染暴露强度-高步行指数城市街区和低PM$_{2.5}$污染暴露强度-中步行指数城市街区所占比例较大，各类别数量及面积如表3-7所示。

表3-7　二环到三环之间各类PM$_{2.5}$污染暴露风险城市街区数据

城市街区的风险类别	数量	面积/km²	人口密度/（人/km²）	步行指数	PM$_{2.5}$浓度/（μg/m³）
高PM$_{2.5}$污染暴露强度-高步行指数	24	11.76	184.13	85.05	34.04
中PM$_{2.5}$污染暴露强度-高步行指数	126	108.02	87.96	80.40	32.75
中PM$_{2.5}$污染暴露强度-中步行指数	41	34.23	74.56	57.72	33.39
低PM$_{2.5}$污染暴露强度-高步行指数	35	56.36	40.11	75.56	33.10
低PM$_{2.5}$污染暴露强度-中步行指数	64	136.88	35.05	54.05	33.42
低PM$_{2.5}$污染暴露强度-低步行指数	4	5.34	24.14	30.34	34.29

（来源：作者自绘）

（4）三环以外以低风险为主。

三环以外城市街区PM$_{2.5}$污染暴露风险以低风险为主。三环外近郊区以低PM$_{2.5}$污染暴露强度-中步行指数城市街区为主，外侧则是以低PM$_{2.5}$污染暴露强度-低步行指数城市街区为主。两类城市街区数量占比分别为35.18%和53.73%，面积占比分别为24.72%和71.57%。其他各类别城市街区数量及面积如表3-8所示。对比来看，三环外的PM$_{2.5}$浓度高于三环内，而人口密度和步行指数显著低于三环内。

表3-8　三环外各类PM$_{2.5}$污染暴露风险城市街区数据

城市街区的风险类别	数量	面积/km²	人口密度/（人/km²）	步行指数	PM$_{2.5}$浓度/（μg/m³）
高PM$_{2.5}$污染暴露强度-中步行指数	1	1.25	136.44	52.51	32.44
中PM$_{2.5}$污染暴露强度-高步行指数	22	27.14	73.89	74.25	34.68
低PM$_{2.5}$污染暴露强度-高步行指数	15	38.94	38.47	70.59	34.87

续表

城市街区的风险类别	数量	面积/km²	人口密度/(人/km²)	步行指数	PM₂.₅浓度/(μg/m³)
中 PM₂.₅ 污染暴露强度 - 中步行指数	26	19.96	69.55	50.33	34.52
低 PM₂.₅ 污染暴露强度 - 中步行指数	203	580.67	24.77	45.73	34.35
低 PM₂.₅ 污染暴露强度 - 低步行指数	310	1681.17	9.97	17.53	34.22

（来源：作者自绘）

2）高风险区中心集聚、轴向延伸

具有较高暴露风险的城市街区主要集中分布在长江、汉江交汇处，沿城市主干道轴向延伸。总体上看，高风险城市街区呈现中心集聚、轴向延伸的空间格局（见图3-9）。主干道作为连接区域的主要交通道路，两侧建成环境成熟，人口密集，但主干道机动车流量大，尾气排放较多，居住在其周边更容易暴露于高PM₂.₅浓度环境中，进而影响居民健康。

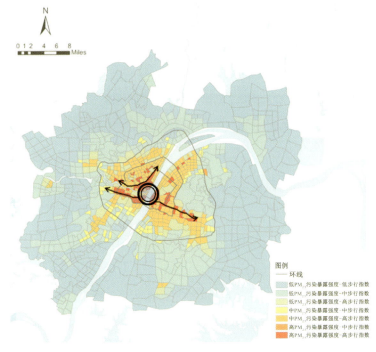

图 3-9 中心集聚、轴向延伸示意图

（来源：作者自绘）

3）点状卫星环绕分布

在三环外，$PM_{2.5}$污染暴露风险最高的是中$PM_{2.5}$污染暴露强度-高步行指数城市街区，如卫星环绕在主城区边缘，主要包括东西湖区吴家山街、经济开发区沌阳街、蔡甸区蔡甸街和江夏区纸坊街（见图3-10）。三环近郊区的东西湖区吴家山街和经济开发区沌阳街，在城市中心区"退二进三"进程中，作为外迁制造业的承接者，发展成为半城市化地区，吸引了一定的人口前来就业，但粗放低效的土地利用和工业污染使得这类空间具有较高的空气污染物浓度。三环外蔡甸区蔡甸街和江夏区纸坊街作为片区的中心，是片区内建设强度和人口密度双高区域，但是对公园绿地等环境优化措施实施不足，同样具有较高的$PM_{2.5}$污染暴露风险。

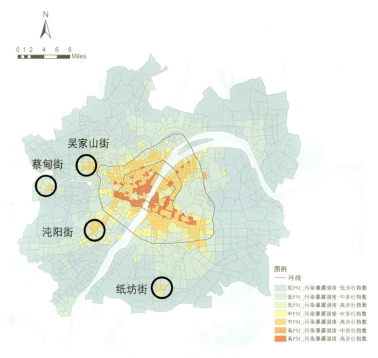

图3-10 三环外卫星环绕

（来源：作者自绘）

2. 不同类别$PM_{2.5}$污染暴露风险城市街区的空间分布

结合$PM_{2.5}$污染暴露强度和步行指数两个指标，对城市街区$PM_{2.5}$污染暴露风险进行分类，研究发现分类结果中没有高$PM_{2.5}$污染暴露强度-低步行指数和中$PM_{2.5}$污染暴露强度-低步行指数类城市街区，说明高$PM_{2.5}$污染暴露强度城市街区主要分布在步行环境完善的城市中心区。本小节将进一步探讨其余7类$PM_{2.5}$污染暴露风险城市街区的空间分异。

1）"高-高"类聚合集中、沿路拓展，"高-中"类点状布局

"高-高"类城市街区主要分布在二环内长江和汉江交汇的城市功能核心区并且紧邻主干道，呈现出一环内聚合集中、二环沿路拓展的分布特征。"高-中"类在三环外呈点状分布，主要分布在武钢工业园区。武钢工业园区$PM_{2.5}$浓度较高，但武钢工业园的发展也带动了该地区的城市化，推动了城市建设，使得该区域具有一定的步行性。

高$PM_{2.5}$污染暴露强度-高步行指数和高$PM_{2.5}$污染暴露强度-中步行指数城市街区共计135个，占城市街区总数的12.26%。其中，高$PM_{2.5}$污染暴露强度-高步行指数城市街区主要分布在二环线内，数量占比达到81%（见图3-11）。

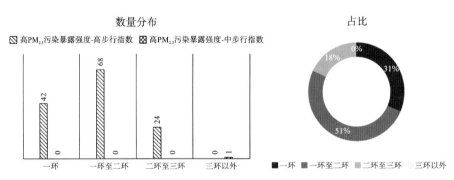

图3-11 "高-高"类城市街区数量及占比

（来源：作者自绘）

"高-高"类城市街区的空间分布呈聚合集中、沿路拓展的特征，并且高度聚集于长江、汉江交汇口城市区域（见图3-12和图3-13）。

2）"中-高"类内片外点、"中-中"类外部成组

中$PM_{2.5}$污染暴露强度-高步行指数城市街区数量分布呈现"中间高、两头低"，空间分布呈"内片外点"特征。中$PM_{2.5}$污染暴露强度-中步行指数城市街区在三环沿线呈组团分布（见图3-14）。

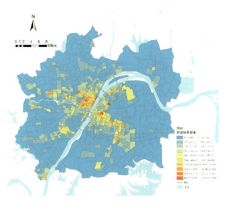

图 3-12 就业岗位密度

（来源：作者自绘）

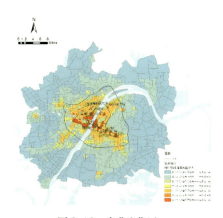

图 3-13 商业聚集区

（来源：作者自绘）

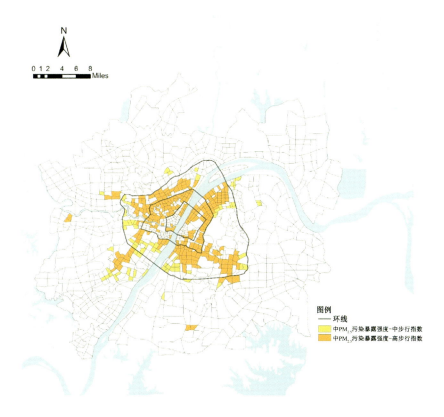

图 3-14 "中-高"、"中-中"类城市街区空间分布

（来源：作者自绘）

属于中$PM_{2.5}$污染暴露强度-高步行指数城市街区较多，共计258个，占城市街区总数的23.43%（见图3-15），其数量分布呈现"中间高、两头低"的特征，主要在城市三环内主城区连片分布，在三环外片区中心点状分布，如蔡甸区蔡甸街、经济开发区沌阳街、东西湖区吴家山街和江夏区纸坊街。这类城市街区多作为片区的服务中心，建成环境成熟，步行性较高，人口活动密集，但也因为经济发展阶段的限制，忽略了环境的保护，造成地方空气污染危害较大。

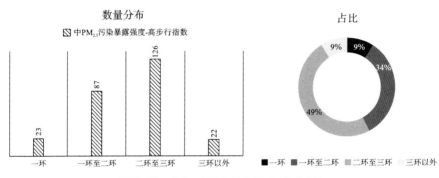

图3-15 "中-高"类城市街区数量及占比

（来源：作者自绘）

属于中$PM_{2.5}$污染暴露强度-中步行指数城市街区共计67个，占城市街区总数的6.09%（见图3-16）。此类城市街区主要分布在二环至三环之间，沿中$PM_{2.5}$污染暴露强度-高步行指数城市街区边缘呈组团分布。在三环外也有少量分布，以点状分布为主，主要分布在蔡甸区蔡甸街、经济开发区沌阳街、东西湖区吴家山街和江夏区纸坊街片区中心的附近。

3）"低-高"类邻近绿地、"低-中"类外部连片、"低-低"类外部包围

"低-高"类城市街区主要分布在三环内邻近大型自然生态空间的城市化地区，大规模生态空间能够显著改善空气环境，同时邻近中心区使得这类区域步行性较高，人口活动密集，对健康起着正向积极的作用。"低-中"类城市街区在三环外半城市化的近郊区分布，暴露风险较低。低$PM_{2.5}$污染暴露强度-低步行指数城市街区在都市发展区外围呈包围式分布（见图3-17和图3-18）。

属于低$PM_{2.5}$污染暴露强度-高步行指数城市街区共计60个，占城市街区总数的5.45%（见图3-19），其数量分布呈"内高外低"特征。从空间分布上来看，此类空

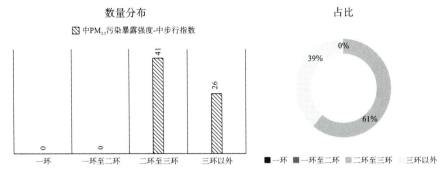

图 3-16 "中-中"类城市街区数量及占比
（来源：作者自绘）

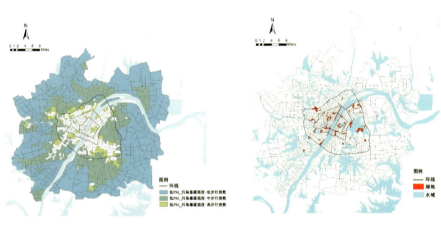

图 3-17 "低-高/中/低"类城市街区分布　　图 3-18 绿地、水域分布
　　　　　（来源：作者自绘）　　　　　　　　　　　（来源：作者自绘）

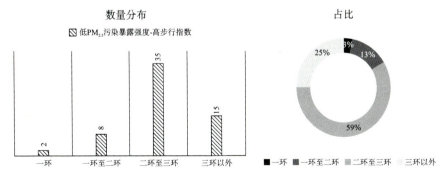

图 3-19 "低-高"类城市街区数量及占比
（来源：作者自绘）

3　空气污染暴露风险 ｜ 093

间多分布于公园绿地或大型生态体附近，如沙湖公园、解放公园和东湖等。靠近城市中心区使得这些城市街区具有成熟的建成环境，步行条件较好；靠近生态体降低了其$PM_{2.5}$浓度，对居民健康产生正向积极的作用。

属于低$PM_{2.5}$污染暴露强度-中步行指数城市街区共计267个，占城市街区总数的24.25%。三环外是此类城市街区的主要分布区域，共有203个，占比达76%（见图3-20）。从空间分布上来看，此类城市街区主要在三环沿线区域连片分布，部分在三环外片区中心呈组团分布。

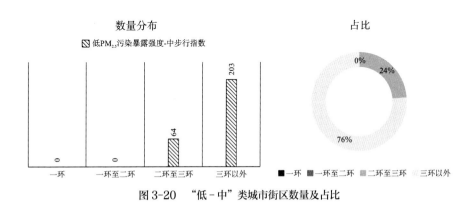

图3-20　"低-中"类城市街区数量及占比

（来源：作者自绘）

属于低$PM_{2.5}$污染暴露强度-低步行指数城市街区共计314个，占城市街区总数的28.52%（见图3-21）。此类城市街区主要分布在三环外非城市化地区，呈包围式分布在都市发展区外围。

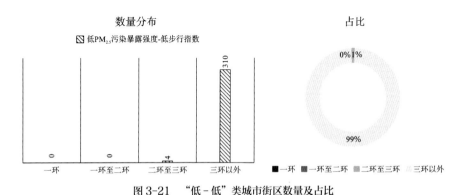

图3-21　"低-低"类城市街区数量及占比

（来源：作者自绘）

3.2.4 暴露风险的差异性

本研究以城市街区为分析单元,以城市街区$PM_{2.5}$污染暴露强度和步行指数为核心指标,采用基尼系数和LISA(local indicators of spatial association)两种分析方法,测度城市街区$PM_{2.5}$污染暴露风险的差异程度。其中,基尼系数主要用于分析资源分配的公平性,本研究采用基尼系数来分析居民$PM_{2.5}$污染暴露风险承担的公平性和步行指数分配的公平性。$PM_{2.5}$污染暴露强度为一周小时平均值,步行指数为城市街区的面域步行指数。随后,采用地理信息分析软件(GeoDa)进行双变量LISA分析,得到$PM_{2.5}$污染暴露强度和步行指数空间聚类分布结果,辨析其空间分布差异程度。

1. 基于基尼系数测度城市街区$PM_{2.5}$污染暴露风险的差异性

研究基于Python计算了城市街区$PM_{2.5}$污染暴露强度和步行指数的基尼系数,并在此基础上绘制了洛伦兹曲线。结果显示,以人口数量和$PM_{2.5}$污染暴露强度作为指标计算的基尼系数为0.46,以人口数量和步行指数作为指标计算的基尼系数为0.3。根据联合国开发计划署规定的基尼系数等级,基尼系数在 0.3~0.39之间表示"分配相对合理",在0.4~0.59之间表示"分配差距较大"。$PM_{2.5}$污染暴露强度(0.46)处于"分配差距较大"等级,步行指数属于"分配相对合理"等级,说明有少数人口承受着较高的$PM_{2.5}$污染暴露风险。

同时,根据洛伦兹曲线,可以发现60%的人口享受着40%的步行指数效益,分配相对合理(见图3-22);而40%的人口承受着70%以上的$PM_{2.5}$污染暴露强度,暴露风险差距较大,存在健康不公平(见图3-23)。

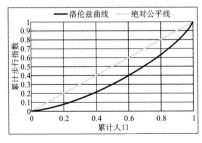

图 3-22 步行指数洛伦兹曲线

(来源:作者自绘)

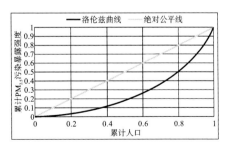

图 3-23 $PM_{2.5}$污染暴露强度洛伦兹曲线

(来源:作者自绘)

2. 基于LISA测度城市街区PM$_{2.5}$污染暴露风险的差异性

研究运用GeoDa软件对PM$_{2.5}$污染暴露强度和步行指数进行双变量LISA分析，结果显示莫兰指数为0.733（见图3-24），p值为0.001，Z得分为32.64，说明PM$_{2.5}$污染暴露强度和步行指数聚类程度极高，即步行指数越高的城市街区，PM$_{2.5}$浓度和人口密度越高，存在着较大的PM$_{2.5}$污染暴露风险。

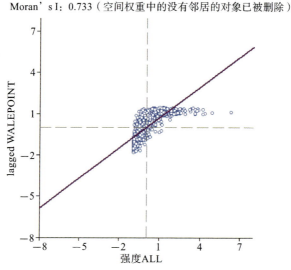

图3-24　PM$_{2.5}$污染暴露强度、步行指数双变量莫兰指数散点图

（来源：作者自绘）

同时，分析得到四类存在显著局部差异性的城市街区："高暴露-高步行（high-high，HH）城市街区"，表示PM$_{2.5}$污染暴露强度和步行指数均显著高于其他区域，PM$_{2.5}$污染暴露风险最高，为健康负效应空间；"低暴露-高步行（low-high，LH）城市街区"，表示PM$_{2.5}$污染暴露强度显著低于其他区域，而步行指数显著高于其他区域，适宜进行室外活动，健康效应较好；"低暴露-低步行（low-low，LL）城市街区"，表示PM$_{2.5}$污染暴露强度和步行指数均显著低于其他区域，其健康效应需要进一步探究；"高暴露-低步行（high-low，HL）城市街区"，表示PM$_{2.5}$污染暴露强度显著高于其他区域，而步行指数显著低于其他区域，这类区域的PM$_{2.5}$污染暴露风险较高，同时，缺乏适宜的步行环境也导致居民锻炼机会较少，同样会引发相关疾

病，是健康负效应空间。

针对$PM_{2.5}$污染暴露强度和步行指数的双变量LISA聚类结果显示，在武汉市都市发展区1101个城市街区中，不显著的有547个，显著的有554个。其中，"高暴露-高步行"城市街区共有269个，"低暴露-高步行"城市街区共有36个，均位于武汉市三环线范围内。"高暴露-低步行"有1个，"低暴露-低步行"共有248个，均位于三环线外（见图3-25和图3-26）。根据其聚类结果空间分布可知，三环线内的$PM_{2.5}$污染暴露风险显著高于三环线外，且中心区域风险较高，向外递减。

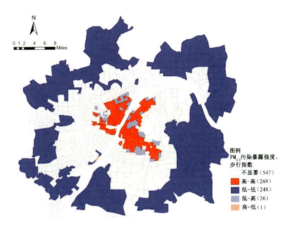

图3-25 暴露强度、步行指数聚类结果

（来源：作者自绘）

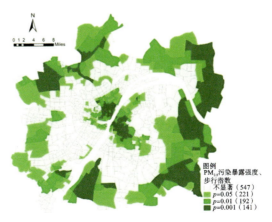

图3-26 暴露强度、步行指数显著性检验

（来源：作者自绘）

3.3 PM$_{2.5}$污染暴露的社区人群分异

本节拟研究不同社区人群PM$_{2.5}$污染暴露风险的社会经济属性分异及空间分布特征，揭示社区人群PM$_{2.5}$污染暴露风险的差异性。首先，研究论述了遥感反演月均PM$_{2.5}$浓度的方法，以及结合LBS数据估算人口居住地和就业地空间分布的计算过程。在此基础上，测算各社区人群不同时空活动下的PM$_{2.5}$污染暴露量。其次，计算不同社区人群人口十分位数的平均PM$_{2.5}$污染暴露量，研究PM$_{2.5}$污染暴露风险的社会属性差异。然后，结合加权PM$_{2.5}$浓度和每类社区人群人口数量，划分出9类PM$_{2.5}$污染暴露风险社区，研究其空间分布特征。最后，采用基尼系数和LISA（局部空间自相关）测度高暴露风险社区人群PM$_{2.5}$污染暴露风险的差异性。

3.3.1 暴露测度

量化人口空气污染暴露的传统方法是假设研究人群居住地的空气污染物暴露水平代表总体暴露，由于没有考虑个体和群体的空间迁移性，这在量化人类健康影响方面引入了潜在的偏见。本节结合遥感反演的月均PM$_{2.5}$浓度和根据LBS测算的人口居住地和工作地空间分布，测度不同时空活动下，社区人群的PM$_{2.5}$污染暴露风险。

1. 月均PM$_{2.5}$浓度遥感反演

通过遥感反演计算，获取了2016年1月至12月的PM$_{2.5}$月均浓度空间分布（见图3-27）。该数据空间分辨率为1 km，PM$_{2.5}$浓度的拟合度R^2达到了0.87，与实际PM$_{2.5}$浓度较为接近。结果显示，在2016年间，武汉市PM$_{2.5}$污染月均浓度呈现季节性特征，其中冬季污染最为严重（1月83 μg/m^3、12月81 μg/m^3），夏季污染较轻（7月28 μg/m^3）。依据国家空气质量标准，1月与12月污染超标天数最多，6月至8月超标天数为0。从空间分布上来看，PM$_{2.5}$浓度在不同时间的空间分布也存在差异。当月均浓度较低时（5—7月），PM$_{2.5}$污染的空间分布较为匀质。随着月均浓度升高，PM$_{2.5}$污染分布开始出现空间异质性。例如，在污染最为严重的1月，市中心地区的PM$_{2.5}$浓度最高，三环与外环之间地区的浓度较低。

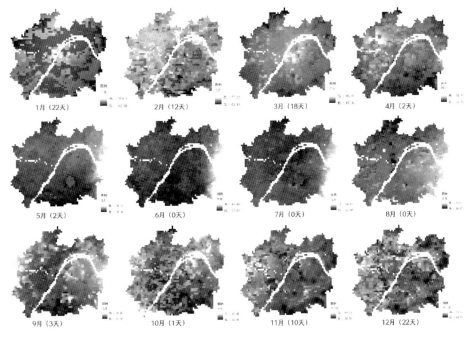

图3-27 遥感反演$PM_{2.5}$月均浓度空间分布及每月超标天数

（来源：作者自绘）

2. 社区人群职住OD测算

本研究基于LBS数据，采用估算的方法确定不同用户居住地和工作地的空间分布。在武汉都市发展区内，本研究共识别出386万个OD通勤对，约占2014年人口调查统计数据（834万人）的46%，可以反映出城市职住分布及通勤出行特征。其中，约有205万人的居住地与工作地在同一管理单元，占53%。如图3-28所示，大部分出行集中在三环内及周边地区，形成了武汉市最主要的通勤圈，另外一部分通勤发生在三环外光谷、武钢、汉口北、吴家山、经济开发区、纸坊等区域。

3. 时空活动下的社区人群$PM_{2.5}$污染暴露测度

儿童与老年人是健康领域中的弱势群体，且由于行动不便，一般不具备驾驶机动车的能力或资格，他们更倾向于选择在近距离范围内活动[1]。因此，本研究假设老年人（65岁以上）和儿童（0~6岁）一天中均在其所居住的社区中度过。而工作人

---

[1] 陈曦，冯建喜，Pnina Plaut. 基于暴露视角的城市健康空间公平性研究——以南京为例[J]. 城乡规划，2018（3）：27-33.

口（19~59岁）在周一至周五的上午8点至下午6点之间处于工作位置，在其他所有时间都在家中。2016年共有366天，8784个小时。其中，工作日天数为251天，工作时间2510个小时，即工作人口被分配了28.57%的时间在工作场所。每个月工作天数及小时数如表3-9所示。

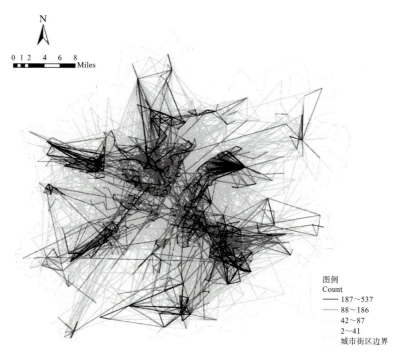

图3-28 OD通勤对分布（单位：人次）

（来源：作者自绘）

表3-9 2016年每月工作天数及小时数

月份	天数/天	小时总数/时	工作日/天	工作时数/时	其余/时
1月	31	744	20	200	544
2月	29	696	18	180	516
3月	31	744	23	230	514
4月	30	720	21	210	510
5月	31	744	21	210	534
6月	30	720	21	210	510

续表

月份	天数/天	小时总数/时	工作日/天	工作时数/时	其余/时
7月	31	744	21	210	534
8月	31	744	23	230	514
9月	30	720	21	210	510
10月	31	744	18	180	564
11月	30	720	22	220	500
12月	31	744	22	220	524

（来源：作者自绘）

在此人口水平的研究中，不能明确地模拟居民在通勤途中的暴露和工作地与居住地之间的通勤方式。因此，分配给工作日的时间将不包括在其居住地花费的交通时间。

如图3-29所示，各社区的加权$PM_{2.5}$浓度存在差异，整体呈现出"西北高、东南

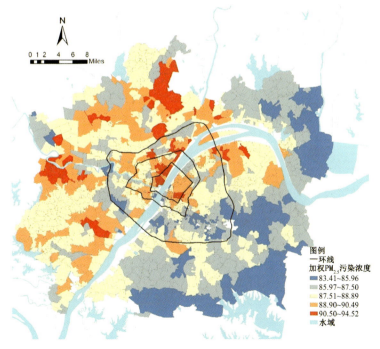

图3-29　年均加权$PM_{2.5}$浓度空间分布

（来源：作者自绘）

低，指状发散"的空间格局。加权$PM_{2.5}$浓度高值区域主要有江岸区车站街、劳动街、后湖街等，江汉区民族街、满春街等，武昌区中南路、水果湖街等，蔡甸区蔡甸街，经济开发区沌口街，黄陂区横店，青山区红钢城街、工人村街等。这可能是由于这些城市地区人口密度高、工业集聚和汽车使用量较多。

通过对比$PM_{2.5}$浓度和加权$PM_{2.5}$浓度可以发现，加权$PM_{2.5}$浓度平均值为88.34 $\mu g/m^3$，比平均$PM_{2.5}$浓度88.28 $\mu g/m^3$略高，说明在武汉，部分人口分布在较高的$PM_{2.5}$浓度中，用平均浓度代表$PM_{2.5}$污染对人群健康的影响低于$PM_{2.5}$污染的实际危害。进一步对比各个行政区的加权$PM_{2.5}$浓度和平均$PM_{2.5}$浓度可以发现，除了东西湖区、经济开发、水上分局的加权$PM_{2.5}$浓度与平均$PM_{2.5}$浓度差异很小，可以忽略不计外，在其余行政区，二者均有一定的差异（见表3-10）。其中洪山区差值最大，达到0.76%，说明洪山区有较多的人口分布在较高的$PM_{2.5}$浓度中。蔡甸区、江岸区、江汉区、硚口区、青山区、武昌区加权$PM_{2.5}$浓度小于平均$PM_{2.5}$浓度，说明这些地区人口较多地分布在$PM_{2.5}$浓度较低的社区。

表3-10 各行政区$PM_{2.5}$浓度和加权$PM_{2.5}$浓度

行政区	平均浓度 / ($\mu g/m^3$)	人口加权浓度 / ($\mu g/m^3$)	差异度
洪山区	86.24	86.90	0.76%
东湖风景区	87.14	87.25	0.12%
新洲区	86.30	86.40	0.12%
汉南区	86.97	87.05	0.09%
东湖高新区	86.08	86.16	0.09%
江夏区	86.23	86.30	0.08%
黄陂区	88.59	88.67	0.08%
化工新区	88.05	88.10	0.06%
汉阳区	88.30	88.34	0.05%
水上分局	88.17	88.17	0.00%
东西湖区	88.25	88.26	0.00%
经济开发区	88.46	88.46	0.00%

续表

行政区	平均浓度/（μg/m³）	人口加权浓度/（μg/m³）	差异度
硚口区	89.11	89.10	−0.01%
武昌区	88.49	88.47	−0.02%
青山区	88.84	88.83	−0.02%
蔡甸区	89.27	89.23	−0.05%
江岸区	90.39	90.26	−0.14%
江汉区	90.31	90.18	−0.15%

（来源：作者自绘）

3.3.2 社区暴露风险分类

1. 社区人群的社会经济属性特征

根据各社区老年人（65岁以上）数量，采用自然断点法将社区划分为高、较高、中等、较低、低五个等级。其中，老年人数量高的社区有8个，较高的社区有91个，中等的社区有300个，较低的社区有510个，低的社区有910个。从空间分布看，老年人数量较高的社区主要分布在一环到三环之间，三环外仅有14个社区老年人数量较高。整体上看，老年人口在三环内呈组团分布，在三环外呈点状分布（见图3-30）。

同样，根据儿童（0～6岁）数量，采用自然断点法将社区划分为高、较高、中等、较低、低五个等级。其中，儿童数量高的社区有3个，较高的社区有30个，中等的社区有133个，较低的社区有460个，低的社区有1193个。从空间分布看，儿童数量高、较高的社区主要分布在三环线附近的城市近郊。三环内儿童数量高、较高的社区仅有11个。总体上看，儿童人口分布呈现"低—高—低"模式（见图3-31）。

根据各社区工作人口（19～59岁）数量，采用自然断点法将社区划分为高、较高、中等、较低、低五个等级。其中，工作人口数量高的社区有13个，较高的社区有69个，中等的社区有2个，较低的社区有56个，低的社区有1679个。从空间分布看，工作人口数量高和较高的社区主要分布在二环至三环中间以及三环沿线地区

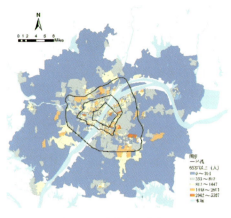

图 3-30　老年人口分布

（来源：作者自绘）

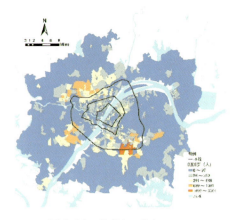

图 3-31　儿童人口分布

（来源：作者自绘）

（见图3-32）。

根据各社区房价，采用自然断点法将社区划分为高、较高、中等、较低、低五个等级。其中，房价高的社区有44个，较高的社区有473个，中等的社区有526个，较低的社区有454个，低的社区有322个。从空间分布看，房价高值社区主要聚集在大型自然生态空间附近，如水果湖街蔡家咀社区、东湖风景区梨园社区等。房价较高社区主要集中在洪山区、武昌区、江汉区、江岸区和东湖高新区。整体上看，房价呈现出内高外低、圈层递减的格局（见图3-33）。

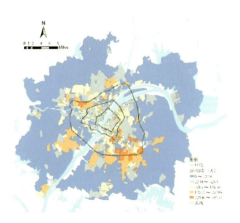

图 3-32　工作人口分布

（来源：作者自绘）

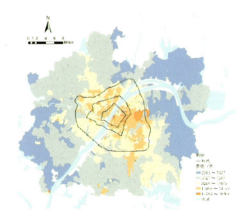

图 3-33　房价分布

（来源：作者自绘）

2. 社区人群PM$_{2.5}$污染暴露风险分类

分别根据加权PM$_{2.5}$浓度和不同社会经济属性人口数量，采用自然断点法将社区划分为高、中、低三个等级，将两个指标的分类结果进行结合，可以分别划分出9类PM$_{2.5}$污染暴露风险社区。以老年人为例，可以划分为高加权PM$_{2.5}$浓度-高老年人数量、高加权PM$_{2.5}$浓度-中老年人数量、高加权PM$_{2.5}$浓度-低老年人数量、中加权PM$_{2.5}$浓度-高老年人数量、中加权PM$_{2.5}$浓度-中老年人数量、中加权PM$_{2.5}$浓度-低老年人数量、低加权PM$_{2.5}$浓度-高老年人数量、低加权PM$_{2.5}$浓度-中老年人数量、低加权PM$_{2.5}$浓度-低老年人数量。各社区人群PM$_{2.5}$污染暴露风险分类结果如图3-34所示。其中，高加权PM$_{2.5}$浓度-高人口数量、高加权PM$_{2.5}$浓度-中人口数量社区为高风险社区，低加权PM$_{2.5}$浓度-高人口数量、低加权PM$_{2.5}$浓度-中人口数量为低风险社区，其余类别暴露风险需进一步探究。

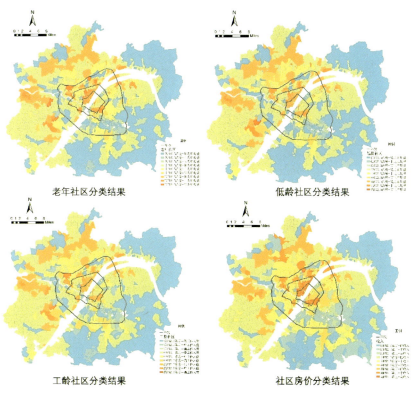

图3-34 社区PM$_{2.5}$污染暴露风险分类结果

（来源：作者自绘）

3.3.3 暴露风险分析

将每个人口统计属性划分为相等的人口十分位数，按升序排列，以便较高的人口十分位数具有该统计属性最大比例的人口数量。分别计算各人口统计属性每个十分位数的加权平均$PM_{2.5}$浓度，进而比较$PM_{2.5}$污染暴露风险的社会属性分异。

1. 老年社区$PM_{2.5}$污染暴露风险

1）老年人暴露风险高于其他年龄段人群

如图3-35所示，加权$PM_{2.5}$浓度随老年人比例增加而稳定上升。老年人比例最高的社区加权$PM_{2.5}$浓度为88.77 μg/m³（D10），其他年龄段居民人数较多的社区加权$PM_{2.5}$浓度为88.01 μg/m³（D1）。该研究表明，老年人承受的$PM_{2.5}$污染暴露风险高于其他年龄段人群。

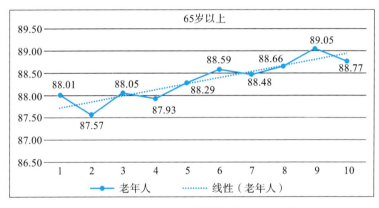

图3-35 老年人口十分位数加权$PM_{2.5}$浓度

（来源：作者自绘）

2）老年人高暴露风险社区集中分布在城市主中心及副中心周边

通过对比老年人（65岁以上）和加权$PM_{2.5}$浓度的空间分布（见图3-36），可以发现，老年人高暴露风险社区集中分布在城市主中心及副中心周边。高加权$PM_{2.5}$浓度-高老年人数量社区主要分布在一环到三环之间。高加权$PM_{2.5}$浓度-中老年人数量社区主要分布在一环沿线地区。高加权$PM_{2.5}$浓度-低老年人数量和中加权$PM_{2.5}$浓度-高老年人数量社区主要分布在高加权$PM_{2.5}$浓度-中老年人数量社区周边。除此之外，西北侧部分社区虽然老年人数量较少，但因PM$_{2.5}$浓度较高，也具有较大的健康风险。综合来看，高风险老年人主要分布在城市主中心及副中心周边。各级中心高密度的生产、生活和高流量机动车交通容易造成空气污染问题，对老年人的健康产生不利影响。

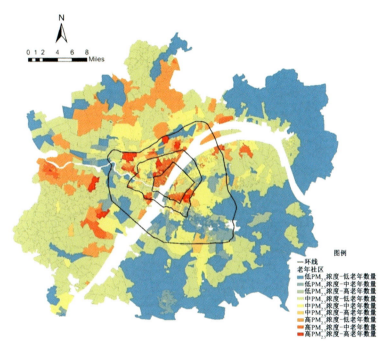

图3-36　老年社区PM$_{2.5}$污染暴露风险分类

（来源：作者自绘）

2. 低龄社区PM$_{2.5}$污染暴露风险

1）儿童暴露风险与其他年龄段人群并没有明显差异

如图3-37所示，加权PM$_{2.5}$浓度随儿童比例的上升，呈现先上升后下降的趋势。儿童比例最高的社区加权PM$_{2.5}$浓度为87.23 μg/m^3（D10），其他年龄段居民人数较多的社区加权PM$_{2.5}$浓度为87.74 μg/m^3（D1），表明儿童PM$_{2.5}$污染暴露风险与其他年龄段人群并没有明显差异。

2）儿童高暴露风险社区分散分布在城市近郊，呈外高内低分布

通过对比儿童（0至6岁）和加权PM$_{2.5}$浓度空间分布（见图3-38），可以发现，

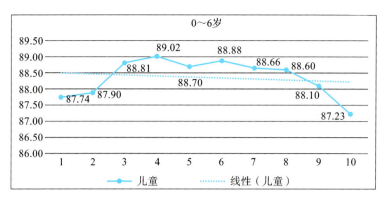

图 3-37　儿童人口十分位数加权 $PM_{2.5}$ 浓度

（来源：作者自绘）

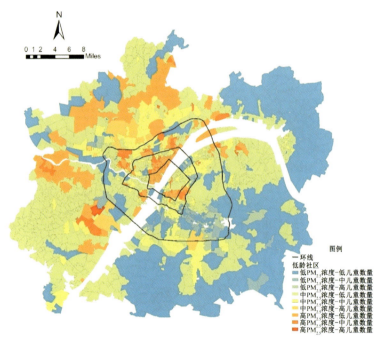

图 3-38　低龄社区 $PM_{2.5}$ 污染暴露风险分类

（来源：作者自绘）

高加权 $PM_{2.5}$ 浓度-高儿童数量社区主要分布在三环外城市近郊区，如经济开发区沌阳街蔡家村。城市近郊区具备一定工作机会，同时房价较低，适宜儿童与老年人、父母在此共同生活，但近郊区较高的 $PM_{2.5}$ 浓度和较少的生态绿地将会使这些人群面临较高的$PM_{2.5}$污染暴露风险。高加权$PM_{2.5}$浓度-中儿童数量社区分布在二环沿线和城市副中心。在三环外，此类社区也有少量分布，包括蔡甸区蔡甸街、后湖知音新城管委会、经济开发区沌口街等下辖社区，其$PM_{2.5}$污染暴露风险同样较高，是规划需要重点关注的社区。

3. 工龄社区$PM_{2.5}$污染暴露风险

1）工龄人群（19至59岁）$PM_{2.5}$污染暴露风险相对较低

如图3-39所示，加权$PM_{2.5}$浓度随工龄人群比例增加而呈现梯段下降。工龄人群比例最高的社区加权$PM_{2.5}$浓度为87.81 $\mu g/m^3$（D10），其他年龄段居民人数较多的社区加权$PM_{2.5}$浓度为88.19 $\mu g/m^3$（D1）。该研究表明，工龄人群$PM_{2.5}$污染暴露风险低于其他年龄段人群，这种现象随工龄人群比例的增加更加显著。

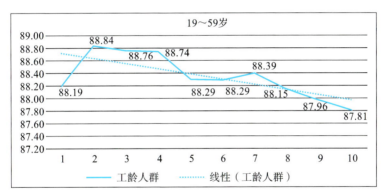

图3-39　工龄人群人口十分位数加权$PM_{2.5}$浓度

（来源：作者自绘）

2）工龄人群高暴露风险社区在一环以外组团式分布

通过对比工龄人群（19至59岁）和加权$PM_{2.5}$浓度空间分布，可以发现工龄人群高暴露风险社区在一环以外呈组团式分布，主要是硚口区长丰街、经济开发区沌阳街、武昌区水果湖街和江汉区唐家墩街四个组团（见图3-40）。这些地区主要是城市外迁工业的承接者，具有较低的房价和较多的工作机会，但同时也面临较高的$PM_{2.5}$污染暴露风险。高加权$PM_{2.5}$浓度-中工龄人群数量社区的分布与高加权$PM_{2.5}$浓度-中儿童数量分布总体趋同。

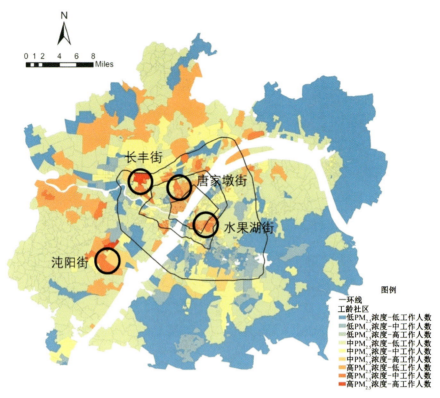

图3-40 工龄社区（19～59岁）PM$_{2.5}$污染暴露风险分类

（来源：作者自绘）

4. 不同收入人群PM$_{2.5}$污染暴露风险

1）PM$_{2.5}$污染暴露风险随收入提高梯段攀升

图3-41展示了武汉市不同收入人群（收入用房价代替）收入十分位数加权PM$_{2.5}$浓度数值变化。从图中可以看出，随着收入的提高，加权PM$_{2.5}$浓度呈梯段攀升。高值点出现在9分位，加权PM$_{2.5}$浓度值为89.50 μg/m³，低值点是1分位，加权PM$_{2.5}$浓度值为87.25 μg/m³。这说明武汉市社区建设对PM$_{2.5}$关注不足，并未针对PM$_{2.5}$污染采取相应的防护措施。

2）不同收入人群PM$_{2.5}$污染暴露风险呈现内高外低、组团分布

通过对比不同收入人群和加权PM$_{2.5}$浓度空间分布，可以发现不同收入高暴露风险人群分布呈现内高外低、组团分布特征。高加权PM$_{2.5}$浓度-高收入人群主要分布在一环内，其中以江汉区、江岸区东侧和武昌区西侧为主（见图3-42）。

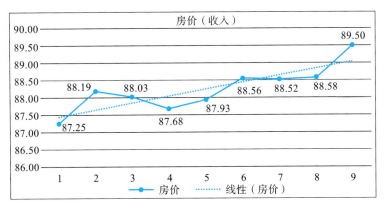

图 3-41 房价（收入）十分位数加权 PM$_{2.5}$ 浓度

（来源：作者自绘）

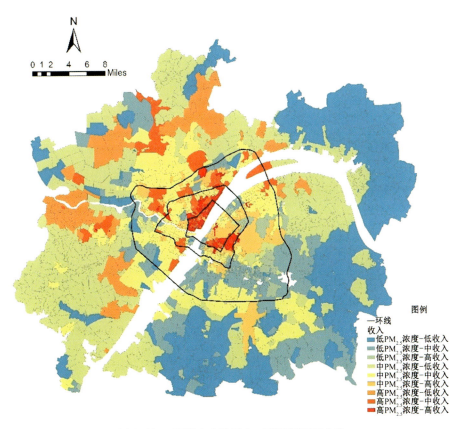

图 3-42 不同收入人群 PM$_{2.5}$ 污染暴露风险分类

（来源：作者自绘）

3 空气污染暴露风险

3.3.4 暴露风险差异性

本研究以社区为分析单元，以加权$PM_{2.5}$浓度、老年人数量和儿童数量为指标，采用基尼系数和LISA两种分析方法，测度社区易感人群（老年人、儿童）$PM_{2.5}$污染暴露的差异性。

1. 基于基尼系数测度社区人群$PM_{2.5}$污染暴露风险差异性

为进一步探究易感人群暴露风险的公平性，本书基于Python计算了社区加权$PM_{2.5}$浓度和易感人群数量的基尼系数并绘制了洛伦兹曲线。

计算结果显示，少量的老年人和儿童承受了较大比例的$PM_{2.5}$污染暴露风险。以加权$PM_{2.5}$浓度和老年人数量作为指标计算得出的基尼系数为0.48，以加权$PM_{2.5}$浓度和儿童数量作为指标计算得出的基尼系数为0.58，均高于0.4。根据联合国开发计划署规定的基尼系数等级，结果在0.4~0.59之间表示"暴露风险差距较大"，说明在老年人和儿童群体中，老年人和儿童均承受着与人口数量不成比例的$PM_{2.5}$污染危害。

同时，基于洛伦兹曲线（见图3-43、图3-44）可见，40%的儿童承受着80%的加权$PM_{2.5}$浓度，40%的老年人承受着70%以上的加权$PM_{2.5}$浓度，暴露风险差距较大，存在显著的健康不公平性。

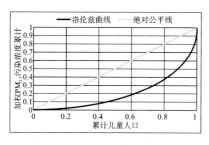

图 3-43　$PM_{2.5}$-儿童洛伦兹曲线

（来源：作者自绘）

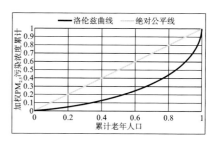

图 3-44　$PM_{2.5}$-老年人洛伦兹曲线

（来源：作者自绘）

2. 基于LISA测度社区人群$PM_{2.5}$污染暴露风险差异性

研究运用GeoDa软件分别对加权$PM_{2.5}$浓度和老年人数量、加权$PM_{2.5}$浓度和儿童数量进行双变量LISA分析，进一步分析其空间分布的公平性。结果显示，老年人高暴露风险内高外低而儿童暴露风险外高内低。根据计算结果，加权$PM_{2.5}$浓度和老年人数量的莫兰指数为0.179，p值为0.001，Z得分为15.9054，说明加权$PM_{2.5}$浓度和老年人聚类程度极高，即加权$PM_{2.5}$浓度高同时老年人数量多的社区在空间上连续分布（见图3-45）。加权$PM_{2.5}$浓度和儿童人数的莫兰指数为-0.023，p值为0.02，Z得分为-2.02，说明加权$PM_{2.5}$浓度与儿童分布是显著离散的，即加权$PM_{2.5}$浓度高同时儿童数量多的社区在空间上分散分布（见图3-46）。

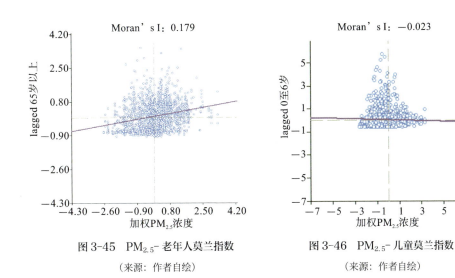

图3-45　$PM_{2.5}$-老年人莫兰指数　　　图3-46　$PM_{2.5}$-儿童莫兰指数

（来源：作者自绘）　　　　　　　　　　（来源：作者自绘）

同时，针对$PM_{2.5}$浓度和老年人数量、$PM_{2.5}$浓度和儿童数量的LISA分析分别可以得到四类存在显著局部差异性的社区："高暴露-高人数（high-high，HH）社区"，表示加权$PM_{2.5}$浓度和人口数量均显著高于其他区域，$PM_{2.5}$污染暴露风险最高；"低暴露-高人数（low-high，LH）社区"，表示加权$PM_{2.5}$浓度显著低于其他区域，人口数量显著高于其他区域，这类社区风险较低；"低暴露-低人数（low-low，LL）社区"，表示加权$PM_{2.5}$浓度和人口数量均显著低于其他区域，其健康效应需要进一步探究；"高暴露-低人数（high-low，HL）社区"，表示加权$PM_{2.5}$浓度显著高于其他社区，人口数量显著低于其他社区，居住在这类社区中的老年人和儿童需要做好防护。

针对加权$PM_{2.5}$浓度和老年人数量的LISA分析显示，在武汉市都市发展区1819个社区中高加权$PM_{2.5}$浓度-高老年人数量社区有163个，集中分布在一环到三环之间，其中，又以武昌区和江岸区为主。低加权$PM_{2.5}$浓度-高老年人数量社区有112个，分布在三环沿线生态环境附近。该区域一方面由于邻近中心区，生活便利，吸引着老年人聚集居住；另一方面该区域分布有较大规模的生态空间，如东湖、月湖、南湖等，对降低空气污染具有显著的效果，对老年人的健康起着正向积极的作用。高加权$PM_{2.5}$浓度-低老年人数量社区有120个，低加权$PM_{2.5}$浓度-低老年人数量社区有268个，均分布在都市发展区外围，由于人口分布稀疏，这些空间的$PM_{2.5}$污染暴露风险相对较低。总体来说，老年人$PM_{2.5}$污染暴露风险呈现内高外低的空间分异，体现出空间风险的不均衡性，即存在不公平的现象（见图3-47）。

与老年人相反，儿童$PM_{2.5}$污染暴露风险呈现内低外高的活动空间分异。在武汉市都市发展区1819个社区中，高加权$PM_{2.5}$浓度-高儿童数量社区有49个，离散分布在三环沿线城市近郊区，这些区域作为城市"退二进三"的承接区域，吸引着年轻人和育龄青年前往，导致儿童数量增加。低加权$PM_{2.5}$浓度-高儿童数量社区有141个，分布在三环外生态空间附近。高加权$PM_{2.5}$浓度-低儿童数量社区有131个，低加权$PM_{2.5}$浓度-低儿童数量社区有228个，均分布在都市发展区外围，这些区域风险较低。总体来说，儿童$PM_{2.5}$污染暴露风险呈现内低外高的空间分异，也存在不公平的现象（见图3-48）。

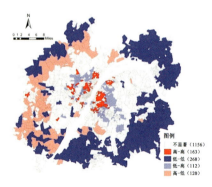

图3-47 $PM_{2.5}$浓度、老年人聚类结果
（来源：作者自绘）

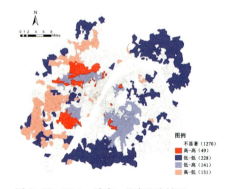

图3-48 $PM_{2.5}$浓度、儿童聚类结果
（来源：作者自绘）

将社区加权$PM_{2.5}$浓度和易感人群（老年人、儿童）人口数量数据输入GeoDa进

行局部自相关显著性检验，其结果如图3-49和图3-50所示。由显著性检验图可以看出，显著性检验结果分布与老年人和儿童聚类结果分布基本重合，重合区域显著性水平p值均低于0.05，说明对加权PM$_{2.5}$浓度和易感人群人口数量的空间自相关检验是有效的。

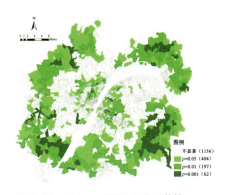

图 3-49　PM$_{2.5}$-老年人聚类显著性

（来源：作者自绘）

图 3-50　PM$_{2.5}$-儿童聚类显著性

（来源：作者自绘）

3.4　空间治理策略

PM$_{2.5}$污染暴露典型高风险地区的影响因素主要有高强度的街区建设、机动车交通污染（例如主干道）、具有污染风险的用地布置（例如工业用地、交通用地）和绿地开放空间数量匮乏、规模不足等，本研究根据影响因素，针对不同地区提出差异化的优化策略。

3.4.1　高强度建设区形态导引、功能混合

在高强度建设地区，研究提出形态导引、功能混合策略。高容积率和平均层数会使街区内建筑建设量大、环境封闭，从而形成街区微气候，导致空气流通不畅，污染集聚。高建筑密度导致街区内平均风速较小，而风速过低对于大气污染物的扩散不利。同时，高强度建设地区人口集聚，加剧了PM$_{2.5}$污染的暴露风险。因此，在

高强度建设地区应通过街区肌理形态的导引，建设城市通风系统，构建街区内部通风廊道，并将内部通风廊道与城市通风廊道进行联系，形成"排污系统"。同时，也需要控制建筑密度，进一步提高排污风速。

高强度建设地区应避免功能过于单一，需进行功能混合。提高功能的混合度可以降低城市居民的出行距离和机动车出行概率，减少居民出行的碳排放总量和路径暴露。通过倡导步行和骑行等慢行交通出行方式，规划适宜的慢行交通路线，避开机动车主要道路，提高沿线绿地比例，从而降低居民$PM_{2.5}$污染暴露风险。

根据建成环境特征，本研究认定，容积率在2.5以上的城市街区或者社区属于高强度建设地区。此外，基础步行指数是通过计算某一点到达一定范围内不同服务设施的距离得到的。不同服务设施数量越多、类别越丰富、距离越近，计算得出的基础步行指数越高。因此，基础步行指数可以在一定程度上反映地块内功能的混合程度。本研究根据基础步行指数数值大小，采用自然断点法，将城市空间划分为高、较高、中等、较低、低5类。属于低类的城市空间，功能混合性较差，需要根据居民需求补充不同种类的服务设施。将基础步行指数与高建设强度城市空间分布进行对比可知，高建设强度城市空间的基础步行指数均较高（见图3-51、图3-52）。

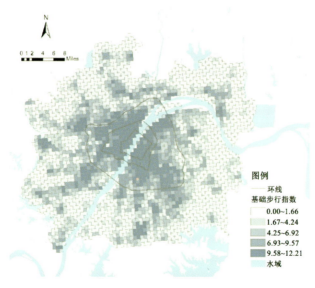

图 3-51　基础步行指数

（来源：作者自绘）

图 3-52 高建设强度高暴露风险空间

（来源：作者自绘）

3.4.2 绿地开放空间增量提规、优化布局

在绿地开放空间建设不足地区，研究提出增量提规、优化布局的策略。广义上的绿色空间包括城市环境中的所有植被形成的开放空间，包括城市公园、广场、绿色廊道、滨水绿带、湖泊湿地和自然保护区等，是消减颗粒物的重要途径之一，绿色植物可以主动吸收滞留颗粒物，从而降低大气颗粒物浓度[①]。而$PM_{2.5}$污染暴露典型高风险地区的共性特征是绿地开放空间建设不足，应增加这类地区的绿地配置，从而降低$PM_{2.5}$浓度。同时，相关研究表明，绿地的规模大小对吸收空气中污染物的效果存在影响，规模越大净化$PM_{2.5}$功能越强[②]，因此在配置绿地过程中应避免分散布局，促进绿地集中化、规模化。在绿地开放空间布局方面，应根据功能特征进行

---

① 戴菲，陈明，傅凡，等.基于城市空间规划设计视角的颗粒物空气污染控制策略研究综述[J].中国园林，2019（2）．
② 余梓木.基于遥感和GIS的城市颗粒物污染分布初步研究和探讨[D].南京：南京气象学院，2004.

优化。靠近道路和工业等污染源应配置防护绿地和观赏绿地，开放空间配置宜远离污染源。尤其在典型高暴露风险地区，应进一步提高防护绿地的规模，通过绿化路径设计，拉开污染源与开放空间的距离。

根据《城市居住区规划设计规范》，旧区改建的绿地率不宜低于25%。以此为标准进行筛选，研究认定高暴露风险的城市街区和社区，当绿地率低于25%时，应增补绿地。筛选结果如图3-53所示。

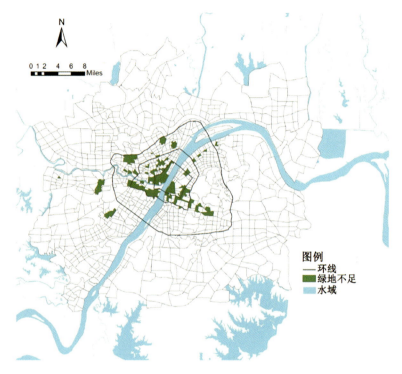

图3-53 高暴露风险，绿地不足空间

（来源：作者自绘）

3.4.3 路网密集区防护退线、限制功能

在主干路网密集地区，研究提出防护退线、限制功能策略。主干路作为城市区域连接道路，具有交通量大、污染高的特征。需要借助防护绿地的隔离与净化作用，降低$PM_{2.5}$污染浓度，控制$PM_{2.5}$污染物的扩散。同时，距离主干道越远，污染物

浓度越低。上海交大彭仲仁教授团队研究指出，距离道路300 m至500 m，汽车尾气污染严重，且距离道路越近，$PM_{2.5}$浓度越高。此外，王国玉等研究指出，两侧林带宽度超过30 m，$PM_{2.5}$的值有较大下降[①]。因此，在建设过程中，应根据实际交通环境（如机动车交通量）计算污染物显著降低的临界距离，作为防护退线的依据。在高浓度范围内做严格的功能建设限制，避免学校、居住和开放空间等人群聚集空间距离主干道过近，以降低居民$PM_{2.5}$污染暴露风险。

本书以距离主干道500 m为临界值进行筛选，距离主干道500 m内的高暴露风险区，建议增加防护绿地。已有防护绿地的主干道，根据测量结果进行宽度调整。筛选结果如图3-54所示。

图3-54　高暴露风险，邻近主干道空间

（来源：作者自绘）

---

① 王国玉，白伟岚，李新宇，等．北京地区消减$PM_{2.5}$等颗粒物污染的绿地设计技术探析[J]．中国园林，2014，30（7）：70-76．

3　空气污染暴露风险 | 119

3.4.4 工业影响区安全防护、分类布局

在工业建设影响地区，研究提出安全防护、分类布局策略。在规模集中的工业用地外应设置充分的防护措施，引导污染物向隔离吸收绿化带扩散，避免其流向人群集聚空间。同时，人口聚居区建设应远离污染源，并设置在污染源的上风向。在分类布局方面，规划可根据工业污染程度进行分类，中高污染工业应远离敏感人群如老年人（65岁以上）和儿童（0至6岁），宜设置在城市下风向的城市外围地区。无污染工业可设置在城市内部，适当与居住用地形成混合，达到职住平衡，降低居民通勤产生的污染和污染暴露。不同工业污染源的影响范围，本研究以用地内工业用地占比作为筛选标准。工业用地占比大于0的地块，应设置相应的防护措施。筛选结果如图3-55所示。

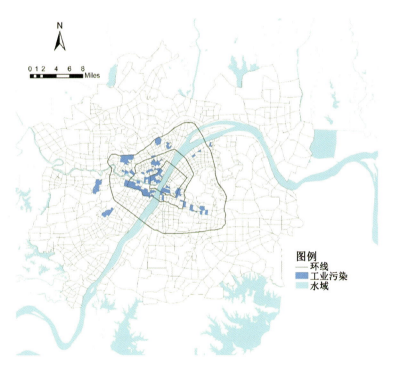

图 3-55 高暴露风险，工业污染空间

（来源：作者自绘）

将高暴露风险城市街区和高暴露风险老年社区的问题汇总，绘制成图3-56和图3-57，作为降低城市空间暴露风险的参考建议。

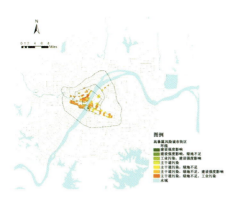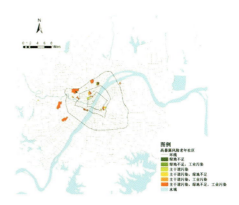

图 3-56　高暴露风险城市街区问题汇总图　　　图 3-57　高暴露风险老年社区问题汇总图

　　　（来源：作者自绘）　　　　　　　　　　　　　（来源：作者自绘）

3　空气污染暴露风险

4

轨道交通与环境暴露

4.1　轨道交通数据与模型

1. 研究数据

1）空气质量监测数据

空气质量监测数据来自中国环境监测总站的全国城市空气质量实时发布平台（https://air.cnemc.cn:18007/）以及武汉市生态环境局的环境数据信息查询系统（http://hbj.wuhan.gov.cn/hjsj/hjsjcx/）。基于中国环境监测总站的全国城市空气质量实时发布平台，本书获取了2014年1月至2015年12月间武汉市9个空气质量国控监测站的空气质量逐时数据，包括空气质量指数（AQI）及六类空气污染物（$PM_{2.5}$、PM_{10}、CO、NO_2、O_3、SO_2）浓度。基于武汉市生态环境局的环境数据信息查询系统，本书获取了2016年1月至2020年12月间武汉市9个国控点及12个市控点的空气质量日报指数，包括AQI以及六类空气污染物的污染指数。

2）气象数据

气象数据来自中国气象局气象数据中心（http://data.cma.cn/）。数据内容包括2014年1月至2019年12月间武汉市日均风速、气温、降水、相对湿度，作为轨道交通对空气质量的影响评估模型中重要的控制变量。

3）轨道交通站点与线路数据

轨道交通站点与线路数据来自高德开放平台（https://lbs.amap.com/），数据内容包括各站点名称、坐标以及各条线路的坐标、长度。各线路开通时间根据武汉地铁集团有限公司官网（https://www.wuhanrt.com/public_forward.aspx）发布的新闻及公告整理所得。

4）道路交通数据

道路交通数据来源于OpenStreetMap（https://www.openstreetmap.org/），使用Q-GIS软件在网站中爬取获得，包括主干道、次干道、支路和其他道路等，主要属性有道路名称、类型、长度等。

5）土地利用数据

土地利用数据为武汉市2019年土地利用现状数据，该数据根据2019年卫星影像以武汉市2015年土地利用现状数据为基础进行更新，主要包括居住用地、商业服务业设施用地、工业用地、绿地与广场用地及非建设用地等的空间分布与面积大小。

6）建筑轮廓数据

建筑轮廓数据基于BIGEMAP地图下载器获取，并基于2019年卫星影像修正信息，包括建筑空间分布、基底形状及建筑层高和建筑面积等数据。

7）公交站点及各类POI设施数据

公交站点以及沿线地图各类POI设施数据基于BIGEMAP地图下载器获取，并通过卫星地图、实地勘探等方式核实，在GIS平台中补充研究所需的属性信息。

2. 研究方法

1）克里金插值法模拟空气质量

克里金插值法是基于实际数据，通过变异函数和结构分析预测未知点数据的一种方法。本研究在ArcGIS地理信息系统中，利用空气质量监测国控点与市控点的数据，在武汉都市发展区范围内进行空气污染模拟，通过模拟结果反映空气质量的空间格局，并支撑轨道交通对空气质量的影响评估研究。

2）双重差分模型分析

双重差分法是一种广泛用于政策评估的统计方法，通过政策实施前后不同时期的数据评估该政策的影响程度。本研究基于Stata软件，选取2014—2019年间武汉开通的多条轨道交通线路与站点为研究对象，针对空气质量监测站的空气质量数据构建双重差分模型，从线路区域和站点地区两个空间层面评估轨道交通的开通对空气质量的影响程度。

3）基于ArcGIS的空间分析

GIS空间分析是指在地理信息系统中进行的空间统计分析，即在空间数据中提取有关研究对象的空间位置、形状大小等信息并加以分析。利用ArcGIS软件处理武汉市土地利用、道路交通、建筑轮廓、POI等数据，结合空气质量空间分布模拟数据，探究轨道交通与空气质量的空间关联性。

4）二元Logistic模型回归分析

二元Logistic回归是分析因变量Y与各自变量x_1，x_2，$\cdots$，x_n（解释变量）之间关系的统计分析方法，其中因变量为二分类的分类变量或某事件的发生率，自变量既可以是连续的也可以是分类的。本研究利用SPSS软件，通过建立空气质量影响效应与土地利用等TOD指标的二元Logistic模型，定量研究轨道交通与空气质量的关系。

4.2 TOD 指标体系

轨道交通沿线的空气质量及TOD建设现状特征，是评估轨道交通对空气质量的影响程度及分析二者相关性的基础。本书将以武汉市空气质量监测站数据为基础，采用克里金插值法模拟武汉都市发展区空气质量空间分布，识别轨道交通线路区域及站点地区不同尺度的空气质量特征。其次，通过对绿色TOD模式及轨道交通对空气质量影响机制的相关研究进行归纳总结，构建影响空气质量的TOD指标体系。最后，从土地利用、空间形态、道路交通三个方面，对96个轨道交通站点地区的TOD建设现状进行梳理。

4.2.1 沿线空气质量特征

1. 数据处理与分析

本书将空气质量指数AQI作为评价空气质量的主要指标。中国环境监测总站所发布的国控点逐时数据为AQI及各类污染物的实时浓度，而武汉市所发布的日报数据为AQI以及各项污染物浓度的空气质量分指数IAQI。因此，为使市控点与国控点数据类型保持一致，需将2014—2015年武汉国控点的各类空气污染物浓度进行空气质量分指数的折算，换算依据如表4-1所示。

2. 空气质量时变特征：逐年改善，年内变化幅度不断减小

1）年度变化特征

由表4-2可知，2014—2020年七年内武汉市空气质量得到明显的改善，整体来看，优良天数比例总体稳步上升，中度以上污染天数总体降低。

表 4-1 空气质量分指数及对应的污染物项目浓度限值

空气质量分指数（IAQI）	污染物项目浓度限值								
	二氧化硫（SO$_2$）24小时平均 /（μg/m³）	二氧化硫（SO$_2$）1小时平均 /（μg/m³）[1]	二氧化氮（NO$_2$）24小时平均 /（μg/m³）	二氧化氮（NO$_2$）1小时平均 /（μg/m³）[1]	颗粒物（粒径小于等于10μm）24小时平均 /（μg/m³）	一氧化碳（CO）24小时平均 /（mg/m³）[1]	一氧化碳（CO）1小时平均 /（mg/m³）[1]	臭氧（O$_3$）1小时平均 /（μg/m³）	臭氧（O$_3$）8小时滑动平均 /（μg/m³）	颗粒物（粒径小于等于2.5μm）24小时平均 /（μg/m³）
0	0	0	0	0	0	0	0	0	0	0
50	50	150	40	100	50	2	5	160	100	35
100	150	500	80	200	150	4	10	200	160	75
150	475	650	180	700	250	14	35	300	215	115
200	800	800	280	1200	350	24	60	400	265	150
300	1600	[2]	565	2340	420	36	90	800	800	250
400	2100	[2]	750	3090	500	48	120	1000	[3]	350
500	2620	[2]	940	3840	600	60	150	1200	[3]	500

说明：[1] 二氧化硫（SO$_2$），二氧化氮（NO$_2$）和一氧化碳（CO）的1小时平均浓度限值仅用于实时报，在日报中需使用相应污染物的24小时平均浓度限值。
[2] 二氧化硫（SO$_2$）1小时平均浓度值高于800μg/m³的，不再进行其空气质量分指数计算，二氧化硫（SO$_2$）空气质量分指数按24小时平均浓度计算的分指数报告。
[3] 臭氧（O$_3$）8小时平均浓度值高于800μg/m³的，不再进行其空气质量分指数计算，臭氧（O$_3$）空气质量分指数按1小时平均浓度计算的分指数报告。
（来源：《环境空气质量指数（AQI）技术规定（试行）》）

表4-2　2014—2020年武汉市空气质量优良天数比例

年份	优	良	轻度污染	中度污染	重度污染	严重污染	优良天数	优良天数比例/（%）
2014	—	—	—	—	—	—	182	49.9
2015	33	159	124	30	16	3	192	52.6
2016	53	184	94	29	6	0	237	64.8
2017	61	194	86	15	6	0	255	70.4
2018	46	203	85	17	4	0	249	70.1
2019	41	204	103	15	2	0	245	67.1
2020	100	209	52	3	2	0	309	84.4

（来源：作者自绘）

对2014—2020年武汉市不同空气质量类型的天数及优良率进行统计，并且根据6项主要污染物的年均浓度，分析武汉市空气质量的整体情况。武汉市空气质量优良率从2014年的不足50%提升至2020年的84.4%，优良天数从182天提升至309天，且严重污染天数从2016年开始实现清零。其中，2014至2017年间优良率提升幅度较大，在一定程度上表明轨道交通网络的初步形成缓解了路面交通的压力，对空气质量产生了改善效果。

从表4-3中可以看出，除O_3以外，2014至2020年武汉市AQI及其他五类空气污染物浓度基本呈逐年降低趋势，七年间武汉市主要污染物为$PM_{2.5}$、PM_{10}、NO_2，常年处于超标水平，且$PM_{2.5}$的超标倍数最大。尽管超标污染物数量与种类基本不变，但各污染物的超标倍数逐渐减小，可见武汉市的空气质量在逐年改善。

表4-3　2014—2020年武汉市环境空气各项指标年均值浓度

年份	AQI	PM_{10}	$PM_{2.5}$	O_3	NO_2	SO_2	CO	超标污染物及超标倍数
2014	117	113	82	156	55	21	1.8	$PM_{2.5}$（1.34）、PM_{10}（0.61）、NO_2（0.38）
2015	106	104	70	170	52	18	1.8	$PM_{2.5}$（1.0）、PM_{10}（0.49）、NO_2（0.3）、O_3（0.06）

续表

年份	AQI	PM₁₀	PM₂.₅	O₃	NO₂	SO₂	CO	超标污染物及超标倍数
2016	92	92	57	160	46	11	1.7	PM$_{2.5}$（0.63）、PM$_{10}$（0.31）、NO$_2$（0.15）
2017	89	85	52	151	50	10	1.6	PM$_{2.5}$（0.49）、PM$_{10}$（0.21）、NO$_2$（0.25）
2018	88	73	49	164	47	9	1.6	PM$_{2.5}$（0.4）、PM$_{10}$（0.04）、O$_3$（0.03）、NO$_2$（0.18）
2019	88	71	45	183	44	9	1.5	PM$_{2.5}$（0.29）、PM$_{10}$（0.01）、O$_3$（0.14）、NO$_2$（0.10）
2020	72	58	37	150	36	8	1.2	PM$_{2.5}$（0.06）

（来源：作者自绘）

2）季度变化特征

由图4-1可知，武汉市春季空气质量最差，春冬两季AQI均值大于夏秋两季。季节变化趋势总体可概括为"山谷型"波动，即春季（1、2、3月）与冬季（10、11、12月）的平均AQI大于夏季（4、5、6月）与秋季（7、8、9月），且各季度的AQI差距逐年缩小，历年各季度最大差值由72缩小为18。

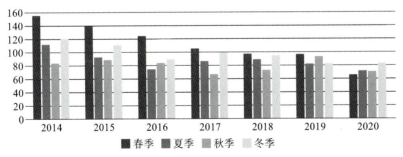

图4-1 2014—2020年武汉市各季度AQI均值

（来源：作者自绘）

3）月度变化特征

由图4-2可知，武汉市1月与12月空气质量最差，7月与8月空气质量最好。历年AQI月度变化趋势相近，均为1至7月逐渐降低，8至12月逐渐升高。2016年前月度变化幅度较大，最大差值为154；2018年后月度AQI变化幅度较小，最大差值为57。各月份中，2014年1月空气污染最严重，AQI高达225；2020年3月空气质量最好，AQI仅为55。

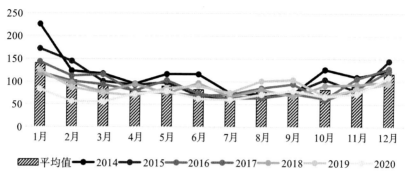

图4-2 2014—2020年武汉市各月份AQI均值

（来源：作者自绘）

3. 空气质量空间格局："西北低、东南高"，两极分化明显

1）空气质量监测站AQI空间格局

本节首先利用普通克里金插值法，模拟轨道交通沿线空气质量的空间分布，再基于各空气质量监测站的日度实测值，对监测站AQI年均值与月均值的空间分布进行分析。

武汉都市发展区范围内空气污染呈"西北高、东南低"的空间格局，高低分区明显。总体而言，高污染监测站具有点状扩散的空间特征，主要集中在青山区和汉南区；低污染监测站具有连片蔓延的空间特征，但范围较小，主要集中在武汉市南部。武汉都市发展区分为高、低两类污染区，且高污染区逐年向北部移动，可见空气污染的空间分布变化具有一定方向性。此外，武汉市都市发展区整体空气质量水平较低，2016至2019年四年内AQI均在70以上，属于二级空气质量指数级别（50~100），空气质量有待提高。

具体而言，2016年高污染监测站集中连片分布在北部大范围地区，AQI最低值位于南部小范围区域内。2017年空气质量略有提升，高污染监测站呈点状集聚，西部、南部空气质量较高。2018年高污染监测站集中在西北部，基本位于长江西侧，其他区域空气质量普遍较好。2019年高污染区相比2018年向外有所蔓延，长江两侧均有高污染区，低污染区向西部、南部紧缩（见图4-3）。

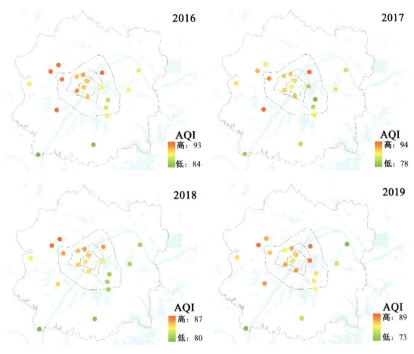

图4-3　2016—2019年武汉市空气质量监测站AQI年均值

（来源：作者自绘）

2）AQI月均值空间格局

武汉都市发展区空气质量月均值随时间变化呈"集聚—扩散—再集聚"的空间格局，且三环内外的空气质量变化趋势截然相反。三环内的大气环境，在1月和2月质量较差，AQI基本高于100；在6月和7月质量较高，AQI基本低于80。三环外的大气环境，在1月和12月质量较好，在6月和7月较差。

具体而言，在1至3月，空气污染高值监测站主要集中在都市发展区北部，且以点状集聚并向外扩散；在4至6月，高污染监测站扩散至主城区外部，呈"半包围"形态向都市区核心衰减；在7至9月，空气质量明显好转，高污染监测站点状零散分布在主城区外缘，而三环内空气质量显著高于武汉市其他区域；在10至12月，高污染监测站由东南部转移到北部，且10月、11月的空气质量格局变化幅度居全年首位，有明显两极反转的趋势（见图4-4）。

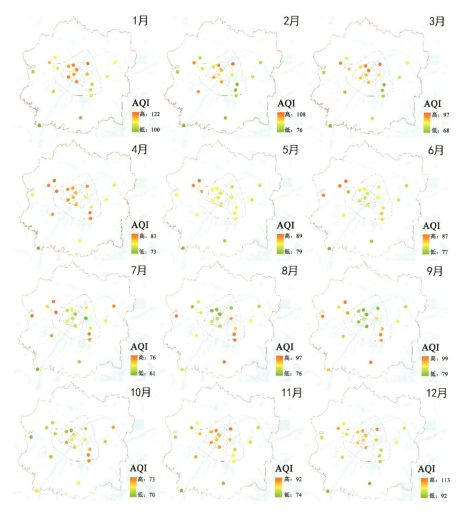

图 4-4　2016—2019 年武汉市空气质量监测站 AQI 月均值

（来源：作者自绘）

3）站点地区AQI空间格局

2016—2019年各轨道交通站点空气质量如图4-5所示，轨道交通站点AQI普遍低于都市发展区平均水平，空气质量优于城市其他地区，且呈逐年改善趋势。其中2、7号线沿线空气质量较好，3、6号线沿线空气质量较差。线路两端站点AQI高于线路中部站点；除2号线外，其他线路二环内站点AQI较低，而三环周边站点AQI较高。在地铁开通前，3号线AQI高值站点主要聚集在线路南端，4、8号线AQI高值站点主要聚集在线路西端，2号线站点空气质量差异较小；随着地铁的开通，3号线AQI高值站点主要聚集在线路北端，4、8号线AQI高值站点主要聚集在线路东端，2、7号线在线路开通后整体空气质量均有所改善。

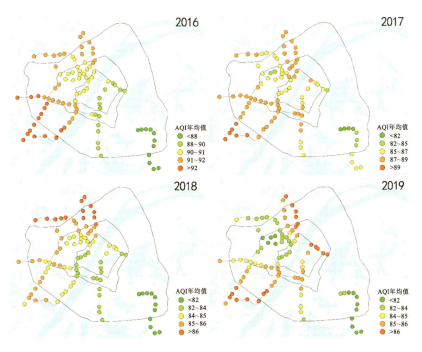

图4-5 2016—2019年武汉市轨道交通站点AQI平均值

（来源：作者自绘）

4.2.2 指标体系构建

1. 指标选取的原则

构建影响空气质量的TOD模式指标体系，是探究TOD模式对空气质量影响机制的基础。在构建指标体系的过程中，既要确保各项指标可以较为真实全面地体现出站点地区TOD模式的实际建设状况，也要反映出其对空气质量形成一定影响的科学性与合理性。所以，本书在进行指标选择时将依据如下原则。

1) **系统性原则**

建成环境等城市要素是TOD模式的核心内容。系统性要求在构建指标体系时坚持整体观念，全方位地表现出轨道交通站点在发展建设过程中各方面的问题特点。首先要把TOD模式划分为几个子系统，各个子系统都要能综合反映TOD模式的总体特点；然后根据不同子系统特点，从多方面入手，比较全面地筛选出各种可以体现其特点的指标，指标之间既要相对独立，又要彼此联系。

2) **客观性、定量原则**

为确保模型回归结果的科学性，所选用的TOD模式指标都应得到广泛认同。首先应尽量避免主观因素的干扰，尽可能吸收和总结现有成熟研究方法的可取之处，并选择与空气质量存在一定关系的TOD模式指标；在指标选择的过程中，要优先选取可量化、可横向对比、适用性广的指标，从而确保指标体系结果的统计学意义，并能直观感受不同站点地区TOD模式的差异，为研究影响机制提供充足可靠的数据基础。

3) **可操作性原则**

本研究涉及多项不同类型、多种量级的数据，对多数据的量化也是确保研究样本可用的主要前提条件。一方面，所选指标要有普遍适用性，在不产生歧义的同时可以进行量化比较；另一方面，考虑到部分数据收集的困难程度，还需要综合TOD建设的规划导向以及数据收集的现实性，对无法获取的数据利用其他方式替代。

2. 指标选取思路与依据

基于轨道交通TOD模式进行空气质量影响效应的评估，选取指标时应准确把握轨道交通引导土地利用的"5D"基础性TOD理念，以此为基础选取与空气质量高度相关的指标。此外，通过梳理相关文献，选取与空气质量相关的其他影响因素作为TOD模式的补充，如居住人口密度等社会活动因素。

1) **传统TOD模式理论的直接依据**

在TOD建成环境要素的相关研究中，被普遍认可的是Cervero（2009）等提出的5D模式，即密度、用地多样性、适合步行的设计、与公交车站的距离、目的地可达性[1]。此外，TOD模式对道路交通相关因素也具有重要影响，机动车拥有率、道路密

---

[1] R.Cervero, O.L.Sarmiento, E.Jacoby, et al.Influences of built environments on walking and cycling: lessons from Bogotá[J].International Journal of Sustainable Transportation, 2009, 3（4）: 203-226.

度等因素随轨道交通的开通相应发生变化。通过前文的文献综述可知，TOD模式所关注的城市建成环境要素，诸如土地使用、建筑密度、容积率等与空气质量有着密不可分的关系，道路交通作为机动车尾气排放的重要影响因素，从影响污染源的作用来看同样与空气质量之间存在高度关联。

2）空气质量相关研究的间接依据

我国城市空气质量主要受污染源、气象条件、地理因素和人类活动的影响。其中，污染源主要为局部燃煤污染及自然降尘；气象条件对空气污染有一定的制约，降水量、风速和逆温与空气质量线性相关；地形的空间差异间接影响着空气质量的空间变化；人类活动则对其产生着双重作用。各影响因素并非孤立存在，而是相互交织，共同作用于空气质量的变化[①]。

3. 指标体系的建立

本书根据指标选取的原则、思路及依据，在相关理论和实证研究的基础之上，基于土地利用、空间形态、道路交通3个方面选择了13项具体指标，构建轨道交通TOD模式对空气质量的影响评估指标体系，如表4-4所示。其中，土地利用包括居住用地占比、商业用地占比、工业用地占比、绿地及水域占比、土地混合度5项指标；空间形态包括建筑密度、容积率、平均层高、开发集聚度4项指标；道路交通包括道路网密度、公交线路数量、公交站点距离、停车场数量4项指标。

表4-4 轨道交通TOD模式对站点地区空气质量的影响评估指标体系

目标层	准则层	指标层	单位	指标内涵
轨道交通对站点地区空气质量影响效应的评估	土地利用	居住用地占比	%	反映居住用地使用情况
		商业服务业设施用地占比	%	反映商业用地使用情况
		工业用地占比	%	体现产业集聚程度
		绿地及水域占比	%	体现生态空间容量
		土地混合度	—	反映用地功能混合情况

---

① 李小飞，张明军，王圣杰，等. 中国空气污染指数变化特征及影响因素分析 [J]. 环境科学，2012, 33（6）：1936-1943.

续表

目标层	准则层	指标层	单位	指标内涵
轨道交通对站点地区空气质量影响效应的评估	空间形态	建筑密度	—	反映建筑物的密集程度
		容积率	—	反映土地开发强度
		平均层高	层	反映建筑物的平均高度
		开发集聚度	—	反映站点地区中心集聚程度
	道路交通	道路网密度	km/km^2	反映地面路网的整体水平
		公交线路数量	条	反映站点地区公交服务能力
		公交站点距离	m	体现交通接驳的步行友好性
		停车场数量	个	体现机动车交通的停车空间

（来源：作者自绘）

4.2.3 站点地区指标特征

武汉市站点地区的TOD指标描述性统计如表4-5所示。总体而言，武汉市轨道交通TOD模式呈显著差异化发展，其中部分指标比例严重失衡。多数站点周边布局了一定的商业用地，但公共管理与公共服务用地相对较少。部分旧城区站点缺乏TOD模式中重要的绿地与广场等开放空间，环境空间品质较差。多数站点的开发集聚度较低，建筑均质分布，未体现围绕站点核心区的建筑集聚。其中，远郊区轨道交通站点与城市公交的有机衔接不足，站点地区内公交线路数量少、方向单一，换乘距离过长，未能对轨道交通系统形成有效补充。

表 4-5 站点地区 TOD 指标特征

	TOD 指标	平均值	最大值	最小值	标准差
土地利用	居住用地占比	35.46	85.88	0	0.182
	商业服务业设施用地占比	9.12	31.83	0	0.079
	工业用地占比	6.67	64.28	0	0.116
	绿地及水域占比	9.45	53.58	0	0.129
	土地混合度	1.23	1.67	0.49	0.199

续表

	TOD 指标	平均值	最大值	最小值	标准差
空间形态	建筑密度	22.21	54.36	3.34	0.108
	容积率	1.10	2.72	0.09	0.621
	平均层高	5.25	19.13	1.15	2.619
	开发集聚度	0.35	0.54	0.06	0.094
道路交通	道路网密度	5.75	11.47	2.11	1.578
	公交线路数量	16.32	52.00	0	12.385
	公交站点距离	139.71	830.00	5.20	103.428
	停车场数量	19.64	68.00	0	15.619

（来源：作者自绘）

基于前文所述的2019年站点空气质量空间格局，选择东风公司、江城大道、车城东路、建安街、金潭路5个空气污染最为严重的站点及范湖、云飞路、六渡桥、武汉商务区、王家墩东5个空气质量最好的站点，分析其TOD指标特征，探究各类TOD指标与空气质量的关联性。

由表4-6可知，在土地利用方面，高污染站点地区的商业服务业设施用地占比显著低于平均值，而工业用地占比显著高于平均值；在空间形态方面，建筑密度与容积率显著低于平均值；在道路交通方面，公交线路数量、停车场数量显著低于平均值。可见，商业服务业设施用地占比、工业用地占比、建筑密度、容积率、公交线路数量、停车场数量6项指标与站点地区高污染存在一定联系。

表 4-6 AQI 高值站点地区 TOD 指标特征

TOD 指标	东风公司	江城大道	车城东路	建安街	金潭路	5站点平均值	所有站点平均值
居住用地占比	26.29	0.12	15.29	85.88	34.97	32.51	35.46
商业服务业设施用地占比	20.70	0	7.21	0.51	2.97	6.28	9.12
工业用地占比	0	21.99	42.27	0	29.32	18.72	6.67
绿地及水域占比	15.84	33.84	11.85	0	0	12.31	9.45

续表

TOD 指标	东风公司	江城大道	车城东路	建安街	金潭路	5站点平均值	所有站点平均值
土地混合度	1.61	1.16	1.43	0.49	1.19	1.18	1.23
建筑密度	12.12	7.94	28.10	20.60	16.81	17.11	22.21
容积率	0.69	0.09	0.51	1.33	0.55	0.63	1.10
平均层高	5.69	1.15	1.82	6.48	3.31	3.69	5.25
开发集聚度	0.32	0.17	0.27	0.36	0.55	0.33	0.35
道路网密度	7.57	3.78	6.87	5.17	2.11	5.10	5.75
公交线路数量	15.00	1.00	3.00	11.00	0	6.00	16.32
公交站点距离	32.00	99.00	105.6	237.00	181.80	131.08	139.71
停车场数量	25.00	2.00	6.00	13.00	0	9.20	19.64

（来源：作者自绘）

由表4-7可知，在土地利用方面，低污染站点地区的商业服务业设施用地占比、绿地及水域占比高于平均值，而工业用地占比显著低于平均值，其中4个站点不含工业用地；在空间形态方面，容积率与平均层高显著高于平均值；在道路交通方面，公交线路数量、停车场数量显著高于平均值。可见，商业服务业设施用地占比、绿地及水域占比、容积率、平均层高、公交线路数量、停车场数量6项指标与站点地区低污染存在一定联系。

表 4-7　AQI 低值站点地区 TOD 指标特征

TOD 指标	范湖	云飞路	六渡桥	武汉商务区	王家墩东	5站点平均值	所有站点平均值
居住用地占比	38.59	28.85	60.78	4.09	33.09	33.08	35.46
商业服务业设施用地占比	18.02	8.19	15.14	20.05	20.69	16.42	9.12
工业用地占比	0	0	0	0	5.39	1.08	6.67
绿地及水域占比	16.19	32.57	0.07	31.49	3.53	16.77	9.45
土地混合度	1.30	1.33	1.11	1.10	1.48	1.26	1.23

续表

TOD 指标	范湖	云飞路	六渡桥	武汉商务区	王家墩东	5站点平均值	所有站点平均值
建筑密度	15.93	12.91	54.36	3.34	29.68	23.24	22.21
容积率	1.39	0.83	2.55	0.64	1.64	1.41	1.10
平均层高	8.75	6.49	4.69	19.14	5.53	8.92	5.25
开发集聚度	0.38	0.38	0.35	0.12	0.39	0.32	0.35
道路网密度	6.30	6.93	9.13	5.57	6.03	6.79	5.75
公交线路数量	24.00	15.00	32.00	3.00	29.00	20.60	16.32
公交站点距离	101.18	99.84	133.05	225.56	223.23	156.57	139.71
停车场数量	25.00	16.00	68.00	8.00	43.00	32.00	19.64

（来源：作者自绘）

1. 土地利用：站点间差异较大，外围站点利用效率低

多数站点土地利用呈"圈层式"空间分布，其中商业服务业设施用地、公共管理与公共服务用地主要集中于站点100米范围内的核心圈层，符合"圈层式开发"的TOD模式。但部分线路末端站点开发建设水平较低，存在大量非建设用地及建筑施工用地，土地利用效率低。按照各类用地构成比例，大致可将站点划分为商业型站点、居住型站点、交通型站点、工业型站点4类，其中近一半为居住型站点。

1）居住用地

站点地区的居住用地占比普遍较高，居住用地占比超40%的站点数量占三分之一。高居住用地占比的站点以换乘站为中心蔓延分布，主要集中在4、6、8号线上，且位于长江西侧的站点居住用地占比显著高于长江东侧的站点。就单条线路而言，在线路两端居住用地占比较低，在线路中间居住用地占比较高（见图4-6）。

2）商业服务业设施用地

各站点商业服务业设施用地占比差距较大，占比较高的站点位于二环内。高商业服务业设施用地占比的站点以相邻两个站点聚集分布，主要集中在3、6号线；低商业服务业设施用地占比的站点在全域分布较均匀，始发站点的商业服务业设施用地占比低于2%，且换乘站点的商业服务业设施用地占比较低（见图4-7）。

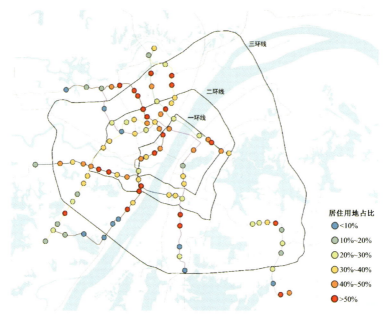

图 4-6　站点地区居住用地占比

（来源：作者自绘）

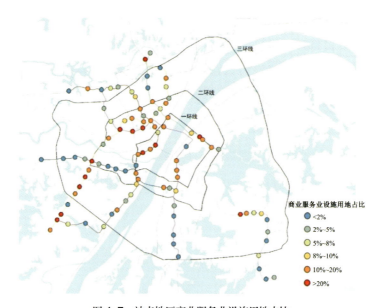

图 4-7　站点地区商业服务业设施用地占比

（来源：作者自绘）

3）工业用地

各站点工业用地占比呈两极分化，二环内站点地区基本没有工业用地。站点周边工业用地占比普遍偏低，仅佳园路等11个站点占比超20%，无工业用地的站点超三分之一；高工业用地占比的站点主要位于轨道交通线路的末端，且各线路均有分布（见图4-8）。

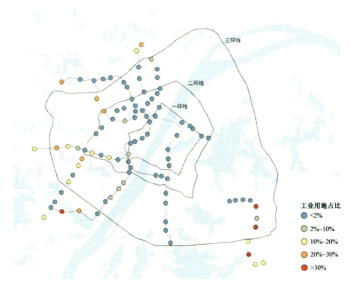

图 4-8　站点地区工业用地占比

（来源：作者自绘）

4）绿地及水域

各站点绿地及水域占比普遍偏低，多数站点绿地占比低于规划用地结构10%的比例要求，空间品质较差。有53个站点的绿地及水域占比低于5%，20个站点完全未布置绿地，仅金银湖等10个站点绿地占比超25%；高绿地及水域占比的站点主要位于长江西侧，集中分布在6、7号线上（见图4-9）。站点地区内绿地主要包括城市公园、大型广场等，少数为防护绿地及耕地等非建设用地。

5）土地混合度

站点土地混合度以一环为中心，向外逐渐降低。二环内站点土地混合度较高，用地均衡，3号线多数站点土地混合度高；二环外站点土地混合度较低，用地类型单一，单类用地占比超40%，7号线多数站点土地混合度低（见图4-10）。

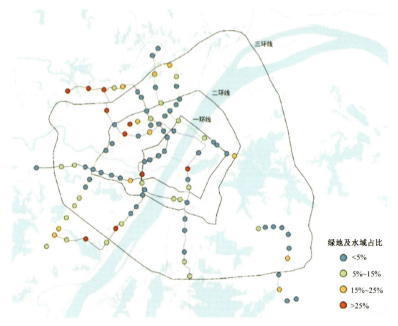

图 4-9 站点地区绿地及水域占比

(来源：作者自绘)

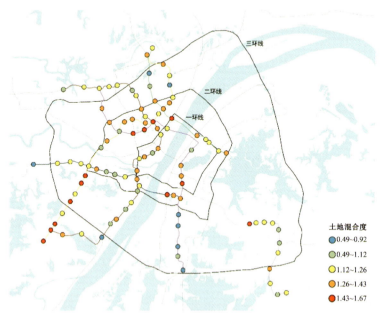

图 4-10 站点地区土地混合度

(来源：作者自绘)

2. 空间形态：集聚程度低，站点核心圈层未突出

1）建筑密度

站点建筑密度以一环为中心，向外逐渐降低。建筑密度高的站点主要位于一环内，普遍高于30%，建筑排布密集；二环内站点建筑密度处于20%至30%，建筑分布适中；二环外站点建筑密度普遍偏低，三环外站点建筑密度大多在10%以下。就各线路而言，各线路站点建筑密度由始发站向线路中段逐渐增大，高建筑密度站点主要处于6号线上，2、3、8号线多数站点建筑密度较低（见图4-11）。不同区位站点地区的建筑密度与其周边城市地区保持一致。主要原因是主城区内城市建设时间较早，受建造技术、人口密度、社会经济水平等因素限制，其建筑高度普遍较低而密度较高；位于外围新开发地区的站点，由于理性化、规范化的城市规划引导，建筑密度及高度分布具有层次性，但受开发建设滞后的影响，空闲地及施工地较多，因此密度及高度低于主城区平均水平。

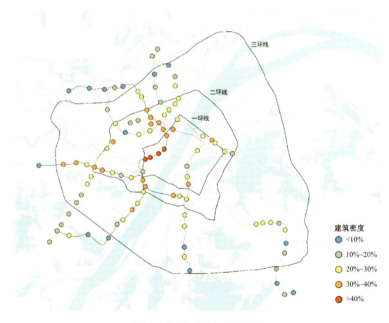

图4-11 站点地区建筑密度

（来源：作者自绘）

2）容积率

站点容积率与建筑密度重合程度较高，同样以一环为中心向外逐渐降低。容积率高的站点主要位于一环线的西侧，武汉市南部站点的容积率低于北部站点。就各线路而言，站点容积率由始发站向线路中段逐渐增大，且换乘站容积率大于周边站点，高容积率站点多为6号线站点，2、3、4号线多数站点容积率较低（见图4-12）。

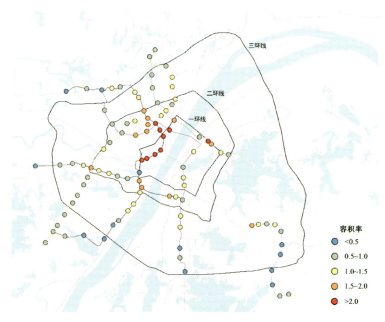

图4-12　站点地区容积率

(来源：作者自绘)

3）建筑高度

站点的建筑平均层高由北向南逐渐减小，北部站点平均层高大于南部站点。平均层高大的站点主要位于三环北部边缘，平均层高小的站点主要位于武汉市西南、东南（见图4-13）。

4）开发集聚度

站点开发集聚度普遍较低，总体以一环线为中心向外围逐渐增大。多数站点地区呈均质建筑分布，未在核心圈层形成重点开发地段。开发集聚度高的站点主要位于轨道线路末端及线路中段，而一环内站点开发集聚度较低（见图4-14）。

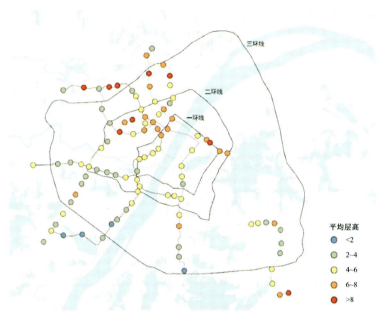

图 4-13 站点地区建筑高度

（来源：作者自绘）

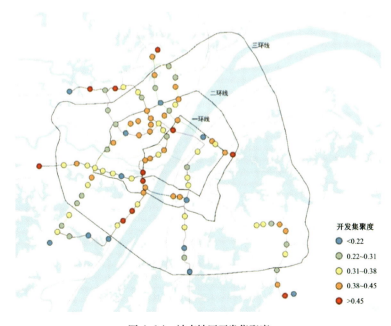

图 4-14 站点地区开发集聚度

（来源：作者自绘）

4 轨道交通与环境暴露 | 145

3. 道路交通：道路网层次清晰，部分站点交通接驳有待完善

1）道路网密度

一环内站点的道路网密度较高，二环外站点的道路网密度较低。汉口区站点道路网密度普遍较高，而汉阳区多数站点道路网密度低于平均水平。就各线路而言，线路端点处的站点道路网密度低于线路中段的站点，换乘站的道路网密度高于周边站点（见图4-15），6、7号线多数站点的道路网密度高于5 km/km^2，2号线多数站点的道路网密度低于4 km/km^2。

图 4-15　站点地区道路网密度

（来源：作者自绘）

2）公交线路数量

二环内站点公交线路数量较多，二环外站点公交线路数量偏低。站点范围内公交线路大于30条的站点主要位于一环内，低于5条的站点位于三环附近。就各线路而言，公交线路多的站点集中在6号线上，站点范围内低于10条公交线路的站点多位于各线路末端，换乘站的公交线路数量普遍高于周边站点（见图4-16）。

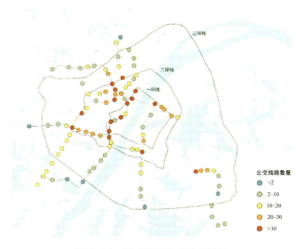

图 4-16　站点地区公交线路数量

（来源：作者自绘）

3）公交站点距离

各站点出入口与公交站点的最近距离在数量上保持相对均衡，距离普遍较远，超半数站点距离超过100米，未设计便捷的交通接驳系统。就各线路而言，多数线路末端站点较中段站点距离公交站点更近；部分换乘站的公交站点距离比周边站点更远（见图4-17）。

图 4-17　站点地区公交站点距离

（来源：作者自绘）

4　轨道交通与环境暴露

4）停车场数量

站点停车场数量由一环向外逐渐减少（见图4-18），各站点停车场数量相差较大，但停车总容量相对均衡。停车场设施多的站点主要位于汉口老城区内，其周边遍布写字楼、商业综合体地下停车场及部分露天公共停车场，停车场数量多，但单个停车场容纳车辆较少；停车场设施少的站点主要位于各线路末端，停车场设施仅有2个，但由于该类站点周边开发建设程度低，部分地块尚未进行建设而作为停车场使用，停车场规模大，且周边停车需求少于中心区，因此停车位处于供大于求的状态。

图 4-18　站点地区停车场数量

（来源：作者自绘）

4.3　轨道交通的影响评估

本书将从线路区域和站点地区两个空间尺度评估轨道交通对沿线空气质量的影响程度，并重点针对站点地区探究TOD模式对空气质量的影响机制。首先，基于前文所述的线路区域和站点地区空气质量特征的数据基础，采用双重差分模型评估轨道交通开通对沿线不同空间尺度下的空气质量的影响程度。其次，结合对站点地区空气质量的影响程度评估及站点地区TOD模式指标特征，采用二元Logistic模型分析TOD模式与空气质量影响的相关性。最后，基于二元Logistic模型的分析结果，从土地利用、空间形态、道路交通三个方面探究站点地区TOD模式对空气质量的影响机制。

4.3.1　对线路区域的影响

1. 模型构建与变量选取

由于线路区域空气质量不仅受轨道交通这一因素的影响，还可能受限行、空气污染防控等城市政策的影响，因此需要通过双重差分法排除其他未知因素对空气质量的影响。

基于线路与监测站点的位置关系，选取4号线（二期）等6条沿线设有空气质量监测站的线路作为研究对象，避免部分监测站与轨道交通线路的距离过远导致数据准确性降低（见图4-19）。

表4-8中列出了每个监测站到各线路的最短距离。由于部分监测站数据与线路开通时间不具有关联性，因此根据各条线路的开通时间剔除无效监测站点。根据监测站与线路的位置特征，选取不同监测站作为距离近的实验组和距离远的对照组。

2. 线路影响程度

1）基准回归分析

对于每条地铁线路，利用双重差分模型进行回归分析，结果如表4-9所示。总体而言，地铁开通在一定程度上改善了沿线区域的空气质量，并且各条地铁线路的影响效应具有明显差异。其中，3、6、8号线的开通对其线路区域空气质量的改善效应较为显著，而4、7号线的开通对其线路区域的空气质量产生消极影响，2号线未体现出对空气质量的影响。具体而言，4号线的开通仅对PM_{10}浓度具有降低效应，而对AQI及$PM_{2.5}$浓度具有提升效应；3号线的开通对PM_{10}、CO、O_3浓度具有降低效应，但会提升$PM_{2.5}$、NO_2浓度；6号线的开通除对NO_2浓度具有提升效应外，对其他污染物均具有一定的降低效应。

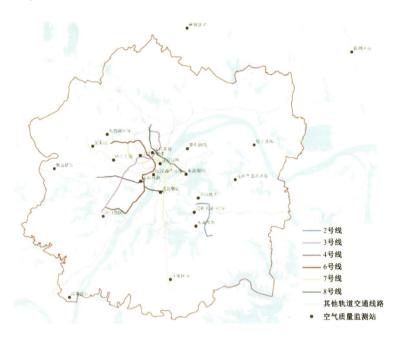

图 4-19 所选的轨道交通线路与空气质量监测站空间分布

(来源：作者自绘)

表 4-8 空气质量监测站与各线路的最短距离（单位：m）

监测站点	2 号线	3 号线	4 号线	6 号线	7 号线	8 号线
汉口花桥	16214	597	7304	1133	1118	764
沌口新区	22805	1108	9317	2200	14551	19734
汉阳月湖	14453	4225	178	788	4348	7487
武昌紫阳	9064	8314	324	3878	786	7231
东湖梨园	7455	8873	6903	7763	3781	634
青山钢花	13377	6568	11857	8632	5782	4924
汉口江滩	12969	2509	5874	1137	471	1619
东湖高新	—	19441	11165	15087	—	—
吴家山	28753	10139	7489	4473	8470	13999
民族大道 182 号	1951	—	—	—	7415	—
洪山地大	1308	—	—	12702	8408	6995

续表

监测站点	2号线	3号线	4号线	6号线	7号线	8号线
江汉红领巾	17759	—	—	1573	1762	3203
硚口古田	22661	—	—	4096	4039	9708
黄陂区站	41852	—	—	29132	30954	24527
蔡甸区站	35811	—	—	15254	18743	24449
东西湖区站	27312	—	—	2313	5280	10334
江汉南片区站	12450	—	—	832	2646	4613
汉南区站	36724	—	—	23245	29179	40219
江夏区站	13584	—	—	19089	12999	25828
新洲区站	50320	—	—	54893	51772	49774
化工区站	17951	—	—	24637	20785	18128

（来源：作者自绘）

表4-9 沿线区域总体样本双重差分回归结果

分析项	$\ln(AQI)$	$\ln(PM_{2.5})$	$\ln(PM_{10})$	$\ln(CO)$	$\ln(NO_2)$	$\ln(O_3)$	$\ln(SO_2)$
2号线	0.042*	−0.031*	0.024	0.018	−0.034*	0.038	0.012*
	(0.017)	(0.025)	(0.004)	(0.004)	(0.015)	(0.021)	(0.007)
3号线	−0.010	0.042***	−0.059***	−0.109***	0.051**	−0.052**	−0.118***
	(0.08)	(0.030)	(0.013)	(0.017)	(0.019)	(0.023)	(0.034)
4号线	0.012***	0.124***	−0.085***	−0.018	−0.010	−0.018	−0.060
	(0.07)	(0.011)	(0.011)	(0.016)	(0.017)	(0.021)	(0.042)
6号线	−0.072***	−0.068***	−0.135***	−0.084***	0.150***	−0.182***	−0.196***
	(0.006)	(0.007)	(0.017)	(0.009)	(0.014)	(0.014)	(0.018)
7号线	0.137**	0.021*	0.032*	−0.078*	0.062**	−0.036	0.084*
	(0.012)	(0.004)	(0.002)	(0.005)	(0.008)	(0.011)	(0.014)
8号线	−0.127**	−0.034*	−0.008**	−0.105**	0.081***	−0.063*	−0.071**
	(0.001)	(0.006)	(0.012)	(0.017)	(0.024)	(0.029)	(0.003)

续表

分析项	ln (AQI)	ln (PM$_{2.5}$)	ln (PM$_{10}$)	ln (CO)	ln (NO$_2$)	ln (O$_3$)	ln (SO$_2$)
天气变量	控制	控制	控制	控制	控制	控制	控制
时间效应	控制	控制	控制	控制	控制	控制	控制
个体效应	控制	控制	控制	控制	控制	控制	控制

(来源：作者自绘。注：括号内为稳健标准误；$^*p<0.1$，$^{**}p<0.05$，$^{***}p<0.01$)

2）稳健性检验分析

使用双重差分法的基本前提是，如果实验组未受到政策影响，其时间效应或趋势与对照组应保持一致，故可以通过对照组来控制时间效应，这就是"共同趋势"假定。因此，为了验证双重差分模型的适用性，本书选取三条线路实验组和对照组的污染物浓度进行共同趋势检验。由于模型中设置的因变量较多，考虑到CO是典型的尾气污染物，故选择CO浓度的月平均数据作为共同趋势检验的主要因变量。如图4-20所示，在地铁开通前，尽管三条线路的实验组和对照组CO浓度存在一定的数值差异，如4号线实验组CO浓度总体低于对照组，3号线实验组CO浓度总体高于对照组，但其变化趋势大致保持一致。因此可以认为，本书使用双重差分模型来检验地铁开通对沿线地区空气质量的影响，是符合共同趋势假设的前提条件的。

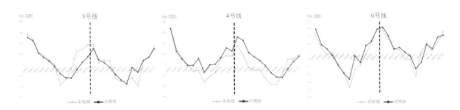

图 4-20　CO 浓度共同趋势图

(来源：作者自绘)

此外，本书在基准回归中，用两年作为时间跨度评估地铁开通对沿线空气质量的长期影响。为了检验短期内是否存在这种影响，以地铁开通前后各4个月的时间跨度进行稳健性检验。从表4-10可以看出，短期内3、4、7、8号线的影响效应没有较大变化，与一年的长期效应基本保持一致，而2、6号线则在短期内没有表现出对沿线空气质量的影响。总体而言，相比于一年的回归结果，虽然随着时间的缩减，显著的系数具有不同程度的变化，但轨道交通的开通对空气质量仍然具有一定的改善效果，可以支持基准回归分析结果的稳健性。

表 4-10　沿线区域调整时间跨度的稳健性检验

分析项	ln(AQI)	ln($PM_{2.5}$)	ln(PM_{10})	ln(CO)	ln(NO_2)	ln(O_3)	ln(SO_2)
2号线	0.022*	−0.041	0.034	0.012	−0.024*	0.027	0.032*
	(0.013)	(0.021)	(0.046)	(0.052)	(0.073)	(0.117)	(0.011)
3号线	−0.059***	0.115***	0.038*	−0.233***	0.045*	−0.130**	−0.219***
	(0.013)	(0.016)	(0.021)	(0.028)	(0.025)	(0.046)	(0.055)
4号线	0.006	0.052***	−0.047**	−0.121***	−0.076**	−0.107**	−0.049
	(0.131)	(0.062)	(0.019)	(0.024)	(0.027)	(0.039)	(0.061)
6号线	−0.038	−0.032	−0.102***	−0.016	0.218	−0.056	−0.011
	(0.123)	(0.102)	(0.016)	(0.139)	(0.159)	(0.134)	(0.067)
7号线	0.112**	0.035	0.017**	−0.025**	0.132**	−0.021*	0.055*
	(0.023)	(0.015)	(0.006)	(0.021)	(0.038)	(0.009)	(0.011)
8号线	−0.087*	−0.022*	−0.013*	−0.129*	0.026	−0.053*	−0.068
	(0.015)	(0.013)	(0.142)	(0.021)	(0.096)	(0.031)	(0.012)
天气变量	控制	控制	控制	控制	控制	控制	控制
时间效应	控制	控制	控制	控制	控制	控制	控制
个体效应	控制	控制	控制	控制	控制	控制	控制

（来源：作者自绘。注：括号内为稳健标准误；*$p<0.1$，**$p<0.05$，***$p<0.01$）

3. 线路差异分析

根据本书的研究基础，地铁开通对其沿线地区空气质量的影响，是交通需求与建成环境要素的综合结果，线路的差异导致地铁对空气质量的影响效应不尽相同。其中，地铁的区位是地铁规划建设的先决条件，各地铁站点具有不同的发展方向，并且其乘客与居民的需求也有所不同[①]；地铁的客流特性在一定程度上反映了人们的

[①] 惠英. 城市轨道交通站点地区规划与建设研究[J]. 城市规划汇刊，2002（2）：30-33+79.

出行需求,以及这种需求是否产生了新的交通量;地铁站点周边设施能够反映其对沿线城市功能、用地格局的影响,是轨道交通站点分类的重要指标。考虑到数据的可获取性,本书从区位、客流量、站点周边设施三个方面,分析六条轨道交通线路之间的差异。

1)区位

地铁各线路的空间位置具有明显差异。4、8号线开通区段主要位于二环内,而3、6号线主要位于二环外。此外,4号线作为武汉第二条穿越长江的地铁线路,连接了武汉市主要的三个火车站;而3号线、6号线均位于长江的西侧,跨汉江串联汉阳、汉口,两者在空间位置上具有一定的相似性;2号线为线路延伸段,位于三环附近,其区位与其他线路相比远离主城区;7号线从武汉三环线南侧由北向西接至6号线,其空间跨度最大,串联武汉市多个行政区划。

2)客流量

从图4-21可以看出,六条轨道交通线路在最高断面客流量上同样具有明显差异。其中,2号线的客流量最高,基本上相当于3号线与6号线客流量的总和;8号线客流量最低。线路之间客流量差距较大,最大客流量差距达2.36万人/时。在线路开通后,各线路客流量随时间均呈现稳定上升趋势。

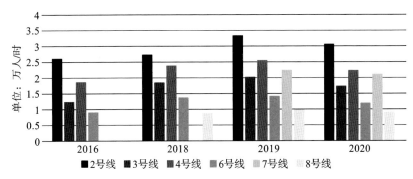

图4-21 武汉市历年城市轨道交通线路高峰小时最高断面客流量情况

(来源:中国城市轨道交通协会官网,https://www.camet.org.cn/)

3)站点周边设施

利用GIS缓冲区分析,提取POI数据中位于六条轨道交通线路区域范围内的各项设施信息。参考百度地图中POI的原始类型，结合不同设施的服务内容进行整理统计，以优化站点周边土地利用为导向，将站点类型按用地功能划分为居住型、公共型、商服型、交通型、产业型五类[①]。

线路区域内各项设施在开通前后的数量变化如表4-11所示。2、4、7号线开通后其沿线设施数量有明显增长，而6号线开通后周边设施数量显著少于开通前。其中，4号线各项设施数量均有增长，2号线除公共设施外其他设施数量均有增长，3号线各项设施数量均有减少。

表4-11 地铁开通前后的线路区域内设施数量（单位：个）

设施服务内容		居住	公共	商服	交通	产业	合计
2号线	开通前	873	1482	19246	683	1429	23713
	开通后	962	1360	22058	852	1937	27169
3号线	开通前	709	2217	12822	650	1001	17399
	开通后	706	2084	12464	629	989	16872
4号线	开通前	418	1233	4422	139	330	6542
	开通后	439	1953	10505	436	576	13909
6号线	开通前	1398	2929	30093	978	1633	37031
	开通后	1003	3836	22697	1189	2406	31131
7号线	开通前	1782	3286	31749	1295	1835	39947
	开通后	1936	3791	35804	1408	2374	45313
8号线	开通前	509	1831	9428	571	837	13176
	开通后	562	1694	9513	626	752	13147

（来源：作者自绘）

各线路站点周边不同类型设施在开通前后的占比如表4-12所示。在开通前，六条线路站点周边各项设施的占比具有一定差异，而在开通后各项设施的占比趋于一致。由此可见，在武汉市轨道交通建设中，地铁沿线的土地开发模式日益趋同，可

[①] 段德罡，张凡.土地利用优化视角下的城市轨道站点分类研究——以西安地铁2号线为例[J].城市规划，2013，37（9）：39-45

概括为"功能拼贴、强度至上、纷乱复合",是典型的"生产大于生活"的空间组织方式[①]。

表4-12 地铁开通前后的站点周边各类设施占比(单位:%)

设施类型		居住	公共	商服	交通	产业
2号线	开通前	3.68	6.25	81.16	2.88	6.03
	开通后	3.54	5.01	81.19	3.14	7.13
3号线	开通前	4.07	12.74	73.69	3.74	5.75
	开通后	4.18	12.35	73.87	3.73	5.86
4号线	开通前	6.39	18.85	67.59	2.12	5.04
	开通后	3.16	14.04	75.53	3.13	4.14
6号线	开通前	3.78	7.91	81.26	2.64	4.41
	开通后	3.22	12.32	72.91	3.82	7.73
7号线	开通前	4.46	8.23	79.48	3.24	4.59
	开通后	4.27	8.37	79.01	3.11	5.24
8号线	开通前	3.86	13.90	71.55	4.33	6.35
	开通后	4.27	12.89	72.36	4.76	5.72

(来源:作者自绘)

通过各线路对比,可以看出地铁区位和客流量之间具有显著一致性,离市中心越近,地铁的客流量就越大,而客流量在一定程度上反映了地铁开通所产生的交通需求。例如,4号线周边的交通设施增长最多,同样说明靠近市中心的地铁站点周边有更强的交通需求。因此可以认为,离市中心近的地铁,其交通创造效应高于交通转移效应,会抑制其对空气质量的改善效应;而离市中心远的地铁,其交通创造效应低于交通转移效应,会提升其对空气质量的改善效应。而对比4号线与6号线,两者在区位与客流量上具有相似性,而站点周边设施变化情况具有明显差异。6号线的

[①] 单卓然,黄亚平. 轨道交通站点地区土地利用谬误及规划响应策略 [J]. 经济地理,2013,33(12):154-160.

产业设施增加较多，形成了以站点为核心的集约化开发模式，满足了居民在站点周边步行距离内的工作需求。因此可以认为，地铁沿线产业设施的集中、集约化的开发模式，有利于提升其对空气质量的改善效果。

4.3.2 对站点地区的影响

1. 模型构建与变量选取

与前文对线路进行影响效应评估相同，针对站点地区同样构建双重差分模型评估影响效应。由于各站点与空气质量监测站距离远近不一，因此以站点圆心的空气污染插值数据表示其空气质量。

选取线路区域分析中的6条线路站点作为对象进行分析，主要集中在三环内，包括光谷广场等96个站点，含首发站、换乘站等多种类型，具有普遍代表性。通过克里金插值模拟武汉都市发展区空气质量，以站点所处圆心作为站点地区内的实验组，以武汉市城区空气质量作为远离站点地区的对照组。将地铁开通时间节点作为政策实施时间，以开通前后各一年作为时间周期，分别对各条线路的96个站点进行双重差分回归。

2. 站点影响程度

1）基准回归分析

对每个轨道交通站点，利用双重差分模型进行回归分析，结果如表4-13所示。总体而言，地铁开通对各个站点的影响效应差异明显，近四分之一的站点空气质量未产生明显变化。尽管产生改善效应的站点数量较多，但负向效应站点所占比例与线路相比有明显提升，表明在站点这一微观层面上轨道交通对空气质量的异质性影响更为显著。各线路站点的影响效应与其地理位置具有一定空间关联性，如一环内负向影响站点较多，三环外正向影响站点较多。具有改善效应的站点主要位于二环与三环周边，三环外站点基本为改善效应，整体呈现由线路末端向线路中段改善效应逐渐减弱的趋势；加剧污染的站点主要位于二环内（见图4-22）。对于换乘站而言，随着多条轨道交通线路的不断开通，对空气质量的改善效应逐渐减弱并转变为负向影响，且换乘站及周边站点的影响效应呈现出一定的相似性。

表4-13　站点地区总体样本双重差分回归结果

轨道交通站点	ln（AQI）	轨道交通站点	ln（AQI）	轨道交通站点	ln（AQI）
光谷广场	0.052	首义路	0.072**	老关村	−0.097*
珞雄路	0.078	复兴路	0.054	江城大道	−0.041**
华中科技大学	0.032	拦江路	−0.041**	车城东路	0.032
光谷大道	0.021**	钟家村(4)	−0.082**	东风公司(6)	0.041*
佳园路	0.062*	汉阳火车站	−0.012***	园博园北(7)	0.012***
武汉东站	0.071**	五里墩	−0.021	园博园	0.094**
黄龙山路	0.062	七里庙	−0.042**	常码头	−0.073**
金融港北	0.102**	十里铺	0.048*	武汉商务区(7)	0.063*
秀湖	−0.074***	王家湾(4)	0.069**	王家墩东	0.044**
藏龙东街	−0.058**	玉龙路	−0.076**	取水楼	−0.012***
佛祖岭	−0.041*	永安堂	−0.014**	香港路(7)	0.071**
宏图大道(3)	−0.035**	孟家铺	−0.024	三阳路	0.042***
市民之家	−0.061	黄金口	−0.047**	徐家棚(7)	0.068***
后湖大道	−0.127	金银湖公园	−0.052***	湖北大学	0.022**
兴业路	0.041**	金银湖	0.038***	新河街	−0.079*
二七小路	−0.073***	园博园北(6)	0.017	螃蟹岬	−0.034**
罗家庄	−0.063**	轻工大学	0.094**	小东门	0.068***
赵家条(3)	0.068**	常青花园	−0.073***	武昌火车站(7)	0.127**
惠济二路	0.083	杨汊湖	−0.044**	瑞安街	0.026**
香港路(3)	0.027**	石桥	−0.049**	建安街	0.016
菱角湖	−0.026**	唐家墩	0.017	湖工大	−0.064**
范湖	0.042*	三眼桥	−0.034**	板桥	−0.017
云飞路	−0.021**	香港路(6)	0.046**	野芷湖	−0.042***
武汉商务区(3)	−0.036*	苗栗路	0.012**	金潭路	−0.084***
双墩	−0.063**	大智路	0.061**	宏图大道(8)	−0.017*
宗关	0.033**	江汉路	0.074	塔子湖	−0.045**
王家湾(3)	0.091**	六渡桥	0.022	中一路	−0.025

续表

轨道交通站点	ln(AQI)	轨道交通站点	ln(AQI)	轨道交通站点	ln(AQI)
龙阳村	−0.132**	汉正街	0.027***	竹叶山	0.016*
陶家岭	0.051**	武胜路	0.042	赵家条(8)	0.077**
四新大道	0.089*	琴台	0.054	黄浦路	−0.086
汉阳客运站	0.095	钟家村(6)	−0.019*	徐家棚(8)	0.041**
三角湖	−0.029	马鹦路	−0.028**	徐东	−0.078*
体育中心	−0.037**	建港	−0.077*	汪家墩	−0.052***
东风公司(3)	−0.071**	前进村	−0.066*	岳家嘴	−0.046
沌阳大道	−0.064***	国博中心北	0.015	梨园	−0.029
武昌火车站(4)	0.041**	国博中心南	−0.012**	野芷湖	−0.014**

（来源：作者自绘。注：括号内为换乘站所属线路；*p<0.1，**p<0.05，***p<0.01）

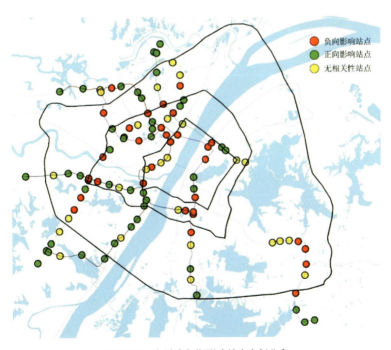

图 4-22 各站点长期影响效应空间分布

（来源：作者自绘）

2）稳健性检验分析

以地铁开通前后四个月作为时间周期进行稳健性检验。从表4-14可以看出，短期内三环外各站点的影响效应没有较大变化，与一年的长期效应基本保持一致，而二环内则在短期内没有表现出对站点地区空气质量的影响。总体而言，相比于一年的回归结果，虽然随着时间的缩减，各污染物的系数具有不同程度的变化，但轨道交通的开通对站点地区空气质量仍然具有一定的改善效果，可以支持基准回归分析结果的稳健性。

表4-14 站点地区调整时间跨度的稳健性检验

轨道交通站点	ln（AQI）	轨道交通站点	ln（AQI）	轨道交通站点	ln（AQI）
光谷广场	0.017	首义路	0.052*	老关村	−0.132*
珞雄路	0.026	复兴路	−0.182	江城大道	−0.051*
华中科技大学	0.073	拦江路	−0.038**	车城东路	0.089
光谷大道	0.016*	钟家村[4]	−0.027*	东风公司[6]	0.095*
佳园路	0.049**	汉阳火车站	−0.042***	园博园北[7]	−0.029*
武汉东站	0.047**	五里墩	−0.054	园博园	0.037
黄龙山路	−0.034	七里庙	−0.039**	常码头	−0.051*
金融港北	0.046*	十里铺	0.028	武汉商务区[7]	−0.132**
秀湖	−0.012	王家湾[4]	−0.077*	王家墩东	0.052*
藏龙东街	−0.061**	玉龙路	0.066*	取水楼	−0.052**
佛祖岭	−0.048*	永安堂	−0.027*	香港路[7]	−0.025
宏图大道[3]	−0.069**	孟家铺	−0.036**	三阳路	0.016*
市民之家	0.076	黄金口	−0.042	徐家棚[7]	0.027**
后湖大道	−0.014	金银湖公园	−0.021	湖北大学	0.086**
兴业路	0.039**	金银湖	0.036*	新河街	−0.041**
二七小路	−0.047**	园博园北[6]	0.063**	螃蟹岬	−0.078*
罗家庄	−0.052*	轻工大学	0.081*	小东门	0.052*
赵家条[3]	−0.038***	常青花园	−0.026**	武昌火车站[7]	0.046*

续表

轨道交通站点	ln（AQI）	轨道交通站点	ln（AQI）	轨道交通站点	ln（AQI）
惠济二路	0.017	杨汉湖	− 0.042	瑞安街	0.029**
香港路(3)	0.094**	石桥	− 0.054**	建安街	0.014
菱角湖	− 0.073***	唐家墩	0.012	湖工大	− 0.025*
范湖	− 0.044**	三眼桥	− 0.068***	板桥	− 0.016
云飞路	0.049**	香港路(6)	0.127**	野芷湖	− 0.027**
武汉商务区(3)	− 0.017**	苗栗路	0.026**	金潭路	− 0.086**
双墩	− 0.034**	大智路	0.016**	宏图大道(8)	− 0.052**
宗关	0.046**	江汉路	0.032	塔子湖	− 0.019**
王家湾(3)	− 0.082**	六渡桥	− 0.017	中一路	− 0.044
龙阳村	− 0.012	汉正街	0.042***	竹叶山	0.012*
陶家岭	0.027**	武胜路	0.029*	赵家条(8)	− 0.042***
四新大道	0.032**	琴台	0.097	黄浦路	− 0.042*
汉阳客运站	0.048	钟家村(6)	0.045**	徐家棚(8)	− 0.018***
三角湖	− 0.069*	马鹦路	− 0.068***	徐东	− 0.022***
体育中心	− 0.016**	建港	− 0.127**	汪家墩	− 0.079*
东风公司(3)	− 0.058**	前进村	− 0.026**	岳家嘴	− 0.044
沌阳大道	0.033**	国博中心北	0.016	梨园	− 0.036
武昌火车站(4)	0.037**	国博中心南	− 0.064**	野芷湖	− 0.012*

（来源：作者自绘。注：括号内为换乘站所属线路；*$p<0.1$，**$p<0.05$，***$p<0.01$）

3. 线路与站点对比分析

轨道交通线路及站点对空气质量的影响程度存在一定关联性，即线路对空气质量的影响效果与线路上的多数站点一致。在改善空气质量的线路中，多数站点也表现为对空气质量的改善效果，如3、6号线中对空气质量具有改善效果的站点数量达一半左右，8号线改善空气质量的站点数量为恶化空气质量的站点的近两倍。而在恶化空气质量的线路中，多数站点表现为对空气质量的负向影响，如4、7号线中近一半站点表现为对空气质量的负向作用（见图4-23）。由此可见，轨道交通对线路区域的影响效果，是基于各个站点地区对局部空气质量影响的综合表现。

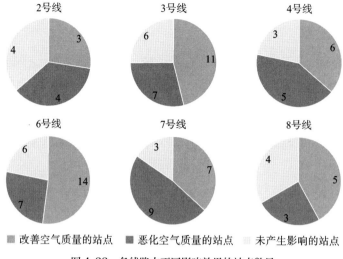

图4-23　各线路中不同影响效果的站点数量

（来源：作者自绘）

4.3.3　TOD指标与空气质量影响

本书主要研究TOD模式相关因素与空气质量影响效应之间的关系，选取武汉都市发展区范围内71个对空气质量具有长期影响作用的轨道交通站点，将其开通后对空气质量的影响效应作为二元Logistic回归模型的因变量，将前文所整理的13个TOD指标作为自变量。由于部分站点为换乘站，受多条线路开通影响，因此模型共有83个实验组。

1. 基准模型回归结果

利用ArcGIS 10.6空间分析与SPSS统计工具，针对轨道交通对站点地区空气质量的长期影响效应，进行二元Logistic回归分析，以得到TOD模式与空气质量影响效应的关系。模型回归结果如表4-15所示，模型的拟合程度为78.2%，多数指标p值处于5%以内，统计显著性较高，拟合效果良好，表明模型结果具有一定的统计学意义。其中，工业用地占比、绿地及水域占比、开发集聚度、公交线路数量与空气质量改善效应的相关性较高。

表 4-15 二元 Logistic 模型回归结果

	因素	系数	T 值	显著性
土地利用	居住用地占比	2.753	56.782	—
	商业服务业设施用地占比	6.375	78.412	—
	工业用地占比	−11.891	−162.764	***
	绿地及水域占比	17.751	51.821	***
	土地混合度	8.352	7.891	**
空间形态	建筑密度	−6.093	−13.169	—
	容积率	3.712	5.908	*
	平均层高	2.276	19.394	
	开发集聚度	6.437	18.284	***
道路交通	道路网密度	7.485	25.493	*
	公交线路数量	11.185	46.418	***
	公交站点距离	−5.583	−59.165	**
	停车场数量	−3.748	−23.172	*

（来源：作者自绘。注：*$p<0.1$，**$p<0.05$，***$p<0.01$）

2. 土地利用因素结果分析：土地混合度与改善效果呈正相关

土地利用各项指标中，工业用地占比、绿地及水域占比、土地混合度与空气质量呈一定的线性相关，且绿地及水域占比的影响系数最大，与空气质量的关联性最紧密。随着工业用地的增加，轨道交通对站点地区空气质量的影响趋于恶化；绿地及水域占比及土地混合度的增加，则有利于轨道交通对空气质量的改善。居住用地占比与空气质量无明显关系。尽管商业服务业设施用地与空气质量的影响效应未表现出一定的线性相关，但具有改善效应的站点的商业服务业设施用地占比主要位于10%~20%，过高及过低的商业服务业设施用地占比对空气质量具有负向作用，因此适中的商业服务业设施用地占比有利于对空气质量的改善。

3. 空间形态因素结果分析：开发集聚度与空气质量关联紧密

空间形态各项指标中，容积率、开发集聚度与空气质量呈现一定正相关，且开发集聚度影响系数最大，与空气质量的关联性最紧密。随着容积率、开发集聚度的增加，轨道交通对站点地区空气质量的影响趋于改善。尽管建筑密度与空气质量的影响效应未表现出一定的线性相关，但具有改善效应的站点的建筑密度主要位于20%～30%，过高及过低的建筑密度对空气质量具有负向作用，因此适中的建筑密度有利于对空气质量的改善。建筑平均层高保持在5～6层时，有利于对空气质量的改善。

4. 道路交通因素结果分析：公交线路数量对空气质量改善最显著

道路交通各项指标均与空气质量呈现一定的线性相关，且公交线路数量影响系数最大，与空气质量的关联性最紧密。随着道路网密度、公交线路数量的增加，轨道交通对站点地区空气质量的影响趋于改善；公交站点距离的减小，有利于轨道交通对空气质量的改善；停车场数量的增加，不利于站点地区空气质量的改善。

4.3.4　TOD模式的影响机制

城市微观尺度下的污染源及污染物扩散，是导致空气质量恶化的主要原因[①]。本书从污染物排放、污染物扩散两个途径分析，认为TOD模式对空气质量的影响主要通过工业生产、汽车尾气、生活取暖、污染物集聚与污染物吸收等五种方式实现。其中，工业用地直接影响工业生产的废气排放。道路网密度、公交线路数量等通过机动车出行量直接影响汽车尾气的排放，土地混合度、容积率等对汽车尾气具有间接影响。绿地及水域通过微气候的改善，间接影响生活取暖的燃煤排放。容积率、开发集聚度在建筑形式上直接影响污染物集聚，道路网密度间接影响污染物聚集。绿地及水域通过植物、水体的空气净化作用，直接影响污染物吸收（见图4-24）。

1. 土地利用：高水平的土地混合度提高空间利用率

高水平的土地混合度如依托站点开发交通综合体、多元化功能融合等措施能提升土地容量，通过高度集约的功能混合避免核心区土地资源浪费，提高空间利用率。同时商业、公共用地等占比的提升，带来更多就业机会，提高日常生活设施的可达性，缩短日常出行距离，促使居民选择步行或骑行等非机动化的交通方式而不是私家车出行。此外，绿地、工业用地对空气质量也具有重要影响。高污染性工业

---

① 王冠岚，薛建军，张建忠.2014年京津冀空气污染时空分布特征及主要成因分析[J].气象与环境科学，2016，39（1）：34-42.

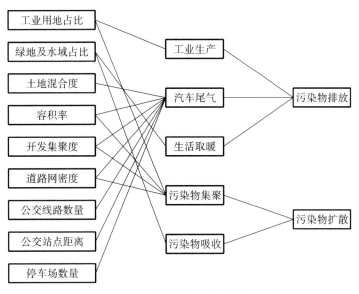

图 4-24　TOD 模式对空气质量的影响作用路径

(来源：作者自绘)

的废气如烟尘及硫化物，在局部地区形成集聚性污染，严重恶化当地空气质量，因此工业用地占比越高，对空气的潜在污染危害就越大。绿地及广场中的植被可以吸收尘埃颗粒及气体污染物，减少污染物的沉积和扩散，从而改善空气质量。

2. 空间形态：开发集聚度越高，城市越紧凑，空气质量改善效果越明显

开发集聚度越高，站点地区越趋近于紧凑的城市形态，有助于缩短出行距离，降低居民对机动车的依赖性，减少机动车尾气及道路扬尘。合理的建筑密度有助于局部空气的自由流动，防止空气污染物的集聚，且居民步行出行的欲望也更强烈，降低对机动交通的需求。容积率越高，站点地区呈密集性开发建设，越有利于各类用地的紧凑布局与各项设施的高度共享，在降低建筑污染排放的同时，方便居民就近满足各类生活需求，减少长距离出行的次数。

3. 道路交通：便捷多样的交通接驳促进绿色交通出行

"小街区、密路网"模式有利于提高步行及自行车的可达性，提高公共交通覆盖率，提高道路利用率，从而减少机动车污染。公交线路数量的提升及邻近轨道交通站点的公交站台，可提供便捷的交通换乘体验，将轨道交通有机融入城市公交系统中，促进居民选择绿色交通出行方式。当前轨道交通对城市的覆盖范围相对较小，而辐射能力更强的普通公交则是轨道交通的有效补充，在提高城市各地区可达性中发挥重要作用；而且轨道交通网络建设仍处于发展阶段，短时间内轨道交通站点还无法实现对城市地区的基本覆盖。从前文可以看出，武汉市站点地区的公共交通体系在发展过程中存在诸多问题，其中公交线路数量较少、公交站点距离过远等问题，是居民放弃公共交通转而选择更为便捷的机动交通的主要原因。以上因素都将影响轨道交通的主导地位，促进机动车的使用，无法推动绿色交通发展，不利于改善城市空气质量。

4.4 空间治理策略

本节将识别出武汉市轨道交通规划中需要针对空气质量重点优化的站点地区，并从土地利用、空间形态、道路交通三个方面提出规划优化策略。首先，概括武汉市轨道交通发展建设的历史沿革，从空气质量和TOD模式建设两个方面总结轨道交通7号线北延线、12号线、19号线的现状特征，并结合二者综合分析识别需重点优化的站点地区。然后，针对轨道交通线路及站点地区，选取部分典型站点地区作为实例，基于前文TOD模式对空气质量影响机制的研究结果，提出以改善空气质量为导向的规划优化策略，包括优化土地利用结构、提高开发集聚度、丰富多种出行方式完善交通接驳、保持均衡职住需求。

4.4.1 改善空气质量的 TOD 规划

首先，TOD模式应确保站点地区合理的土地混合利用，即将不同的用地功能按一定比例有机组合于城市空间之中。因此在进行站点地区详细规划时，应根据城市总规划对该地区的功能定位及居民的多样化需求，合理组织用地结构及用地布局。将商业、商务办公等公共服务属性用地布置于核心区内，确保站点地区的用地混合功能最大化及居民外部交通需求最小化。在站点地区外围，主要为连片居住用地，可根据站点功能定位灵活布置部分公共设施或产业设施用地，鼓励引入低消耗、低污染、高科技产业项目，并以公园、广场等形式提升蓝绿空间规模。由于站点所处区位及承担的城市功能各有侧重,因此针对不同功能定位的站点地区,外围地区也可采用多种用地类型的组合方式及比例构成。

其次,开发集聚度的提升有利于核心区城市功能的高效率使用、各项设施的高度共享,可减少居民长距离出行需求。因此对于各类型站点而言,都应考虑在站点核心区内布置满足区域范围内居民各项生活需求的高层综合体。同时,分析表明高层建筑区或低层建筑区过多都会对空气质量产生不利影响,因此在核心区外应分圈层合理控制建筑高度,避免单一地块内建筑普遍偏高或偏低。在核心区向边缘过渡中布置高层与多层相结合的公共建筑与住宅,通过建筑高度的阶梯式排布,优化站点地区内的风环境,加速空气污染物的扩散,也可以保持适度的人口密度,减小交通流量。

对于道路交通而言,路网密度过低、公交换乘不便捷,是影响站点空气质量的主要因素。因此需细化路网系统,采取"小街区、密路网"形式,减少交通拥堵情况。增强公共交通设施供给,通过提供共享单车等便捷交通方式,在公共交通网络的建设中综合考虑轨道交通与非机动交通之间的衔接互补,降低居民对机动交通出行的依赖,确保轨道交通的主导地位。

TOD布局模式如图4-25和图4-26所示。

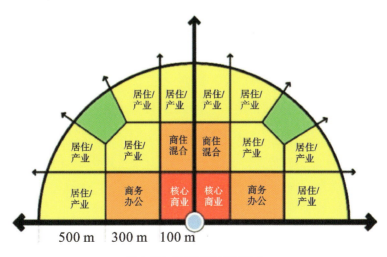

图4-25 TOD平面布局模式

(来源:作者自绘)

图 4-26 TOD 立面布局模式

(来源：作者自绘)

4.4.2 TOD 模式与空气质量现状

　　武汉市自20世纪80年代开始研究发展轨道交通，1995年城市总体规划首次提出主城区范围内较完整的轨道线网方案，到2008年完成了第二轮轨道交通线网规划。在第二轮轨道交通线网规划中，以城际、市域、市区三个层次，构建功能结构分明的轨道交通线网；采用TOD发展模式，提升城市功能和开发价值，引导城市空间有序扩张，建立开放式的城市空间结构。在线路走向上，重点强化主城区与新城的联系，全面对接武汉城市圈内的中心城市。在交通组织上，发挥常规公交、小汽车、自行车、步行等多种交通方式与轨道交通接驳的优势，充分考虑与周边建筑衔接[①]。目前，武汉市轨道线路带动了沿线城市用地结构优化，盘活了沿线土地存量资产，提升了城市空间品质。但主导TOD功能的新城因沿线用地开发建设和人口导入滞后，产城融合不到位，没有轨道交通支撑的新城TOD模式变相为小汽车导向开发。外围职住需求的不匹配导致以主城区为目的地的交通需求远大于其他地区，不仅加剧了主城区的交通负担，同时削弱了各新城组团之间的交通联系，难以发挥优化交

---

① 孙小丽, 张本涌, 代琦. 武汉市轨道交通规划编制体系与实践[C]//2010年中国大城市交通规划研讨会、中国城市交通规划 2010 年会暨第 24 次学术研讨会论文集, 2010: 461-469.

通组织的TOD策略[①]。例如21号线规划用地落实率62.9%，人口聚集占规划人口约46.2%，日均客流仅5.7万人次。

通过对现有规划的分析，武汉市轨道交通规划可总结为：以城市发展方向、空间结构作为地铁线路走向的重要依据，强调地铁对城市组团间的联系作用；根据站点的功能性质，选择不同的土地开发模式，形成多样化的城市建成环境。尽管规划中针对不同的线路站点进行了差异化设计，但是未能体现出以空气质量改善为目标的具体思考。因此，本书基于《武汉市城市轨道交通第四期建设规划（2019—2024年）》，选取三条规划新建的轨道交通线路——7号线北延线、12号线、19号线，具体分析各线路及站点的空气质量和TOD建设现状，识别需重点优化的站点地区，依据前文TOD模式对空气质量影响机制的研究结论，提出改善轨道交通沿线空气质量的TOD建设优化策略。

1. 规划站点地区空气质量特征

基于武汉市空气质量监测站实测数据，利用克里金插值模拟武汉都市发展区2021年AQI均值分布。可以看出，2021年武汉市空气污染呈两极分布，高污染地区主要位于二环南北两侧，AQI向东西两侧逐渐降低；低污染地区主要位于都市发展区南部、西部。主城区AQI均值为76.6，主城区空气污染较远郊区更为严重。

叠加武汉市轨道交通规划线路后，分析三条轨道交通线路规划站点2021年空气质量水平。如图4-27所示，地铁12号线站点空气质量较差，而地铁7号线北延线、19号线站点空气质量较好。其中，地铁7号线北延线、19号线处于都市发展区内污染较低区域；7号线北延线站点空气质量良好，平均AQI为74.7，低于武汉主城区平均水平；19号线除武汉火车站AQI为77.2外，其他站点地区AQI均值为73.1，显著低于武汉主城区平均水平。地铁12号线串联多个空气污染严重地区，AQI均值为76.5，超半数站点AQI显著高于武汉主城区平均水平。因此，在未来城市规划建设中需针对空气污染问题，重点优化轨道交通12号线的TOD建设模式。

[①] 刘冰，张涵双，曹娟娟，等.面向高质量发展的交通战略评估体系建构——以武汉市为例[J].城市规划学刊，2019（1）：99-107.

图3-27 遥感反演 $PM_{2.5}$ 月均浓度空间分布及每月超标天数

(来源：作者自绘)

2. 规划站点地区TOD模式建设现状

总体而言，地铁12号线站点地区的城市建设程度较高，周边配套相对完善；而地铁7号线北延线、19号线主要位于远郊区，站点地区的城市建设程度低，多数站点周边均为农田等非建设用地，亟待合理的规划建设。

武汉地铁12号线是武汉市首条和唯一的独立环线，设站37座，其中换乘站26座。线路主要位于二环线周边，连接硚口、江汉、江岸、青山、洪山、武昌及汉阳共7个中心城区，串联二七滨江商务区、四新城市副中心等多个重点功能区，承接大量中心城区人口。因此，12号线多数站点周边用地开发比较成熟，且开发建设时间早于轨道交通线路规划。用地类型以居住用地为主，部分站点周边包含商业用地、公共管理与公共服务设施用地、绿地等多种用地类型，体现出用地的混合功能开发。然而，部分站点设立与其周边土地利用的关联度较低，建筑分布密集，且容积率较高，多数站点周边以高层小区为主，但开发集聚度较低，未凸显站点核心区的地位。道路交通体系完善，站点地区形成以方格网式为框架的主、次、支路三级城市道路网络，道路网密度较高，公交线路及站点数量高于周边地区，具有多种交通换乘方式，且停车设施充足，满足站点地区的机动车停放。职住比略微失衡，站点地区居住人口普遍多于工作人口，体现出强烈的外出工作通勤需求。

武汉地铁7号线北延线（前川线）设站11座，其中高架站5座、地下站6座，线路呈南北走向。作为连接武汉主城区与黄陂远城区的线路，其建设现状呈现出靠近主城区的站点开发较成熟、远离主城区的站点有待开发的特点，总体开发建设水平较低。7号线北延线主要位于空港新城，用地类型以工业用地与居住用地为主，如天阳大道站周边产业园区分布密集，多数站点用地类型单一，仅黄陂广场站、腾龙大道站周边商业用地占比较高；而汤云海路站、青仔村站周边建设用地占比低，站点地区内存在大量非建设用地。站点地区建筑密度适中，多数建筑层数偏低，一定程度上体现出向站点核心区集聚的空间形态。道路系统以主干道为主，道路网密度较低，公交线路与站点少于其他轨道交通线路与站点，出行方式单一，交通接驳有待完善。部分站点工作人口显著多于居住人口，体现出职大于住的通勤关系。

武汉地铁19号线设站7座，线路大致呈南北走向，西北起自洪山区武汉站西广场站，途经青山区，南至东湖高新区新月溪公园站。作为连接高铁站与东湖高新区的线路，其建设现状呈现出开发建设起步晚、规划目标预期高的特点，现状总体开发建设水平较低。东湖高新区以高新产业为主导，因此19号线站点地区用地类型以工业用地与居住用地为主，站点用地类型多样化，如光谷五路站、花山新城站周边包含商业用地、居住用地、工业用地等多种用地类型，用地混合度较高；但少数站点建设用地占比低，如花山河站、鼓架山站周边存在大量非建设用地，武东站周边多为低质量工业用地，开发水平落后于其他站点。建筑密度适中，中小体量建筑居多，建筑层数多为6至9层，建筑呈均质化分布，未体现站点地区的中心集聚。道路系统以主、次干道为主，支路较少，道路网密度适中，部分站点公交线路与站点过少，交通接驳有待完善。多数站点职住关系较为平衡，居住用地与工业用地配置相对合理，可满足站点地区内居民的就近工作。

3. 重点优化站点地区识别

基于站点空气质量及TOD模式建设现状，选取钢都花园站等28个站点作为未来城市规划建设中需要重点优化的站点地区（见图4-28）。一方面，该类站点空气质量较差，AQI高于武汉主城区平均水平，亟待通过轨道交通TOD模式的合理建设改善空气质量。另一方面，该类站点现状建设条件较差，存在用地比例失衡、核心区集聚不明显、交通接驳不完善等多方面的问题，若缺乏针对性措施优化TOD建设模式，则难以发挥轨道交通对空气质量的改善作用，甚至可能恶化空气环境。

图 4-28 需要重点优化的站点

(来源：作者自绘)

4.4.3 轨道交通线路优化策略

改善空气质量是提高轨道交通社会价值的重要方面，需在相关规划中加强关注[①]。通过分析不同地铁线路对空气质量的差异化影响，本书针对武汉市城市轨道交通建设规划，提出了不同线路的整体优化策略。总体上，应推行TOD开发模式，加强土地混合利用，缩短居民出行距离，降低机动车使用频率[②]，以提升交通转移效应，实现空气质量的改善。

对于12号线，因其主要位于二环内，城市功能相对完善，机动交通系统成熟，应主要侧重于提供绿色的交通方式，实现无缝接驳，满足其产生的交通需求。例如在站点周边划定共享单车区域并投放充足的共享单车或共享电动车，通过增加非机动交通设施供应完善"最后一公里"的交通接驳。同时政府可与企业构建合作平

---

① 陈飞，诸大建，许琨. 城市低碳交通发展模型、现状问题及目标策略——以上海市实证分析为例 [J]. 城市规划学刊，2009（6）：39-46.
② 单卓然，张衔春，黄亚平. 健康城市系统双重属性：保障性与促进性 [J]. 规划师，2012，28（4）：14-18.

台，对地铁出站使用共享自行车等绿色交通方式的乘客给予一定的优惠或补偿，降低居民对机动车的使用需求[①]。此外，可在沿线区域规划一定规模的绿地和开放空间，这不仅有助于减少机动车尾气污染，还可以通过绿色空间提升地铁出行的吸引力。

对于7号线北延线及19号线，因其主要位于三环外，主要服务于产业新城组团，土地现状建设相对落后，交通接驳有待完善，应鼓励科技型、环保型、资源综合开发型企业结合轨道交通集中发展，并适当与居住用地混合，有序促进站点周边的职住平衡，减少站点地区的小汽车出行量，提高步行和自行车通勤的可行性。商业开发应以客流量较大的轨道交通站点为核心，集商业、住宅、办公空间为一体，构建有活力、交通出行便利的地区级中心。若干个以轨道交通站点为中心的地区连为一体，形成以轨道交通为主导的城市交通网络，尽可能利用中心区的商业设施满足居民的日常需求，发挥地铁的绿色交通功能。

4.4.4 轨道交通站点优化策略

1. 优化土地利用结构

以居住功能为主导的站点地区，如后湖四路站，在保持居住用地面积最大的同时，应在核心区内布局一定商业用地，以满足居民日常购物需求，减少长距离出行次数；同时配置一定规模的绿地及广场用地，大力推行垂直绿化，通过增补街心公园和道路广场等公共空间，在绿化站点地区公共环境的同时改善空气质量。以商业功能为主导的站点地区，如公正路站，应强化商业用地在核心区内的主导地位，减少边缘地区的商业用地面积，确保商业办公等功能在交通中心集中，以提高对站点及周边地区居民的服务效率，减少长距离出行次数；将核心区内的居住用地与商业用地功能混合，大规模的居住用地以结合绿地广场的方式布置于站点地区外缘，充分利用绿色廊道、滨水绿带等空间配置集中化、规模化绿地，避免土地资源浪费的同时改善空气质量。以产业功能为主导的站点地区，应针对主导产业类型调整土地利用结构：若站点地区是以科创研发等对空气质量影响较小的产业园区为主，则应

---

① 张衔春，赵勇健，单卓然，等. 比较视野下的大都市区治理：概念辨析、理论演进与研究进展 [J]. 经济地理，2015，35（7）：6-13.

以"产城融合"模式配套适量居住用地、商业用地、公共管理和公共服务用地等，强化生产功能与生活功能的结合，规避盲目城市化带来的空城现象，提升轨道交通对空气质量的改善效果；若站点地区是以传统工业等对空气质量影响较大的产业园区为主，如裕福路站，则应增加绿地及广场等公共空间，通过绿色植物降低工业废气污染，从而改善空气质量，同时依托产业升级实现高污染产业的绿色转型，或以土地置换等形式将产业园区转移至其他地区，减少工业用地面积，减少空气污染物排放。

2. 提高开发集聚度

以居住功能为主导的站点，如钢都花园站，在站点周边200米核心区内布置商住混合的购物中心或办公写字楼，提高站点地区的开发集聚度；周边小区合理控制建筑高度、容积率，尽量避免高层小区遍布整个站点地区。以商业功能为主导的站点地区，如公正路站，由于其土地价值较高，因此为最大化经济价值，容积率及建筑密度要高于其他站点地区，可调整的空间有限，应将商业中心尽可能集中布置在核心区内，并通过土地利用、道路交通等其他措施改善站点空气质量。以工业功能为主导的站点，如天阳大道站，站点建筑高度较低，开发集聚程度不明显，应在核心区内布置商住混合的高层购物中心，工业区内部适当配置多层公寓，将主要高层建筑沿核心区布置，建筑高度向外缘逐步降低，提高开发集聚度（见图4-29）。

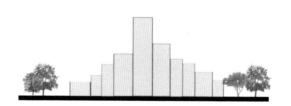

图4-29 站点地区建筑高度总体布局

（来源：作者自绘）

3. 丰富多种出行方式，完善交通接驳

对于主城区内的站点，如中央花园站，道路网已基本成形，公交供给较为充足，但停车设施不足，共享单车等新型交通工具缺乏科学布局。应充分发挥共享单车在"最后一公里"的补充作用，鼓励公众把共享单车作为日常短距离出行的首选交通工具，提高共享单车的使用率，增强公众环保意识。另外，大力倡导新能源汽车的使用，对各类停车场配套充电桩，并整合不同停车场所，在站点核心区内集中布置大型地下停车场，减少其他区域的停车设施供应。通过集约化停车空间避免资源浪费，并弱化机动车在站点地区交通方式中的主导地位，逐渐形成以公共交通、新能源汽车及自行车为主的出行方式，提高该区域绿色出行频率，优化空气环境。对于远郊区的站点，如巨龙大道站，其现状路网密度较低，公交线路不足，应避免街区过大导致交叉口间隔过长，并通过开放小区等方式，补充城市支路，以"方格网式"作为道路网架构，提高各地块可达性。另外，合理安排公交线路，对未设公交站台或距离过远的站点，应逐步完善公交供应，延长公交线路，扩大公交的服务覆盖范围，提高早晚高峰公交发车频率；同时整合区域步行道与自行车道，构建城市支路慢行系统，统筹城市绿道网络建设与其他城市道路系统的衔接，保障良好的绿色出行交通环境。

社区生活圈的评估与优化

5.1 社区生活圈数据与模型

1. 研究区域

武汉市作为湖北省省会、特大城市、国家中心城市，是全国重要的工业、科教基地以及交通枢纽。作为我国中部地区的龙头城市，武汉市中心城区建成环境较为良好，但随着经济社会快速发展，城市空间不断扩张，居住空间已呈现明显分异格局[①]，老旧社区与新建社区生活圈水平差异明显。因此，将武汉市中心城区作为研究区域，对各社区生活圈进行评价并提出优化策略具有重大意义。

2. 研究数据

本研究所采用的数据主要包含两类。第一类为调研数据，调研数据主要通过问卷调查、实地走访、半结构化访谈等方式获取。其中，"居民购物与休闲活动"调研数据主要用来判断2020年这一时间点前后居民时空行为的变化，"武汉市卫生服务与居民健康行为"调研数据主要用来研究社区生活圈对居民健康状况的影响机制。

第二类为建成环境数据，建成环境数据主要包括POI数据、路网数据、用地数据、建筑数据、NDVI数据等。POI数据来源于百度地图，路网数据通过OpenStreetMap（OSM）开源地图获取，用地数据来源于武汉市第三次国土调查数据，建筑数据通过百度地图获取，NDVI数据在地理空间数据云网站（http://www.gscloud.cn/）下载获得。

3. 研究方法

1）标准差椭圆法

本研究根据居民访问不同目的地的频率和次数，构建加权标准差椭圆（weighted standard deviational ellipse，WSDE），从而更准确地反映居民的日常活动空间范围，以此来划定案例社区生活圈边界范围。

2）网络分析法

本研究采取GIS网络分析的方法，根据5分钟、10分钟、15分钟生活圈范围，划定了500 m、1000 m、1500 m的步行距离，利用现状路网、设施POI等数据，分析社区生活圈内各类健康设施的可达性，为社区健康设施配置评价提供数据支撑。

---

① 窦小华. 武汉市居民居住空间结构研究 [D]. 武汉：华中师范大学，2011.

3）层次分析法

本研究在构建健康导向下社区生活圈评价体系时，邀请城乡规划领域多位从业者与专家填写调查问卷，利用层次分析法确定了各类评价指标的权重。

4）多层线性模型法

在本研究中，研究数据为"居民-社区"的双层嵌套结构，因此采用多层线性模型，分析社区生活圈对居民健康状况的影响程度，并讨论各类不同社区生活圈对居民健康状况的影响差异。

5）调研分析法

根据研究内容设计关于武汉市居民购物与休闲活动的调查问卷，在选定的样本街道内开展大规模的调查，通过偶遇的方法随机选择在该地居住的居民作为调查对象；根据研究内容设计关于武汉市居民健康行为与健康状况的调查问卷，在选定的20个样本社区内开展大规模的调查，并在典型社区生活圈内进行实地走访调研，通过走访居委会工作人员，了解社区的基本情况，为后续研究提供数据支持。

6）文献分析法

本研究采取传统文献综述与系统文献综述相结合的方法，对社区生活圈与居民健康相关领域的学术论文、指南文件、标准规范、评价准则等文献进行整理，总结健康导向下社区生活圈评价的要素，为构建健康导向下社区生活圈评价体系提供理论依据。

5.2 社区生活圈的影响机理

5.2.1 生活与社区关联更紧密

本研究利用2020年前后两次相似的问卷调查数据进行对比分析，综合研判武汉市居民出行特征变化。

两次调研内容均包含居民线下购物出行方式、居民线下购物交通时间、居民居住地与购物地。本研究取居住社区的质心和商业中心的质心作为居民购物出行的起讫点，统计居民线下购物出行距离。通过对比武汉市居民购物与休闲活动行为，我们发现在2020年之后：①居民出行方式变化较大，居民采用公共交通进行购物休闲活动的比例明显减小；②居民休闲活动交通时间明显变短，居民购物休闲所花费的交通时间大多在10分钟之内，而此前居民购物休闲所花费的交通时间大多在10～20分钟；③居民出行距离下降，居民购买生活用品与食品的空间距离发生了显著下降，基本在3 km左右，而购买服装饰品、进行休闲娱乐的空间距离变化不大。由此我们可以得出：居民的活动范围受到了一定程度的压缩，主要聚集在居住地的附近，因此社区生活圈的重要性日益凸显，居民健康状况与社区生活圈的关系将更为紧密。

5.2.2 社区生活圈对健康的影响机制

基于对既有文献与相关理论的梳理，可以发现社区生活圈内的建成环境与居民健康状况密切相关，居民时空活动、设施需求的改变势必会改变社区生活圈对居民健康状况的影响机制。有关社区生活圈对居民健康影响的现有研究大多为横断面研究，其只适用于外部条件稳定的情况，若想探讨社区生活圈与居民健康状况的"新"关系，必须与之前的社区状况进行对比，找出其中的"变"与"不变"，从而精准回应社区生活圈的建设新问题。鉴于此，本书采用对比分析法，以2020年作为时间点，以武汉中心城区20个社区为研究对象开展实证分析，这20个社区包含10个新建社区与10个老旧社区，通过分析这20个社区2020年前后的两组数据，挖掘健康影响机制的变化与差异，以此针对性构建健康导向下的社区生活圈。

1. 理论模型与指标选取

本研究中多层回归分析中的因变量为居民自评健康状况水平（连续变量），基于EQ-5D的VAS评分和效用值测度是描述居民生命质量的重要工具，其信度与效度在相关研究中均得到了证实[1]。自评健康状况水平虽然是居民的主观评价，但可以反映真实的生理与心理健康水平[2]，对死亡率、身体衰老情况、卫生服务水平具有良好

---

[1] 李明晖，罗南. 欧洲五维健康量表（EQ-5D）中文版应用介绍 [J]. 中国药物经济学，2009（1）：49-57.

[2] 王兰，孙文尧，吴莹. 主观感知的城市环境对居民健康的影响研究——基于全国60个县市的大样本调查 [J]. 人文地理，2020，35（2）：55-64.

的预测效果①。本研究对现有文献进行了总结，并考虑了数据的可获得性，提出了由个体属性与社区生活圈组成的研究框架（见图5-1）。在多层回归分析中，个体属性选取了两类指标，分别是生理属性、社会经济属性；社区生活圈选取了三类指标，分别是健康设施（健康食品店密度、医疗设施密度、公园广场密度、健身设施密度）、交通设施、社区密度。武汉市社区生活圈对居民健康状况影响机制模型变量表如表5-1所示。

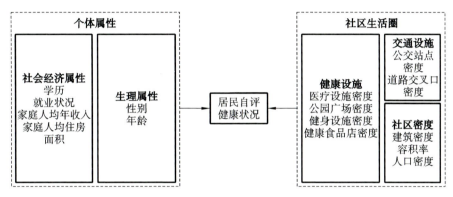

图 5-1　研究框架图

（来源：作者自绘）

表 5-1　武汉市社区生活圈对居民健康状况影响机制模型变量表

类别	编号	变量	赋值说明
居民个体属性	A1	性别	男 =0；女 =1
	A2	年龄	居民生理年龄
	A3	学历	0= 初中及以下；1= 高中 / 中专；2= 大专 / 本科及以上
	A4	就业状况	0= 在业；1= 离退休；2= 失业 / 无业
	A5	家庭人均年收入	实际数值
	A6	家庭人均住房面积	实际数值

---

① Miilunpalo S, Vuori I, Oja P, et al.Self-rated health status as a health measure: The predictive value of self-reported health status on the use of physician services and on mortality in the working-age population [J]. Journal of Clinical Epidemiology, 1997, 50（5）: 517-528.

续表

类别	编号	变量	赋值说明
健康设施	A7	医疗设施密度	社区 1 km 缓冲区的医疗服务机构密度（个 /km²）
	A8	健身设施密度	社区 1 km 缓冲区的健身设施密度（个 /km²）
	A9	公园广场密度	社区 1 km 缓冲区的公园广场密度（个 /km²）
	A10	健康食品店密度	社区 1 km 缓冲区的健康食品店密度（个 /km²）
交通设施	A11	公交站点密度	社区 1 km 缓冲区的公交站点密度（个 /km²）
	A12	道路交叉口密度	社区 1 km 缓冲区的道路交叉口密度（个 /km²）
社区密度	A13	建筑密度	居民所处的社区建筑密度
	A14	容积率	居民所处的社区容积率
	A15	人口密度	居民所处的社区人口密度（人 / 公顷）
居民健康状况	A16	自评健康状况	居民自评健康值，从低到高为 0 ～ 100

（来源：作者自绘）

本研究的理论模型构建从三方面展开：①社区生活圈各要素会直接对居民健康状况产生影响；②社区分异会对健康产生影响，住房商品化促使居住空间分层化，社区的人口结构、经济水平、健康设施等环境差异显著[1]；③突发性公共卫生事件改变了社区生活圈的健康效应影响机制。

本研究在此提出相应的研究假设：

H1：时间点（2020年）前后由于居民的时空活动范围变小，日常生活与社区关联更强，居民的健康状况受社区层面影响更大。

---
[1] 王凯珍. 中国城市不同类型社区居民体育活动现状的调查研究 [J]. 北京体育大学学报，2005（8）：1009-1013.

H2：社区生活圈对居民健康状况产生影响的要素发生了变化，但有部分要素在2020年前后都有显著影响。

H3：老旧社区与新建社区的居民，他们的健康受到社区生活圈的影响程度存在差异，并且影响居民健康的社区生活圈要素也存在差异。

2. 研究方法与模型构建

本研究借助HLM 6.08软件，采用多层线性模型探讨社区生活圈对居民健康影响的空间差异。本研究分别建立了时间点前后的回归模型，每个模型包含三类样本数据——全样本、老旧社区样本、新建社区样本，构建完整模型，探析居民个体属性层面与社区生活圈层面各变量对居民健康状况的影响。

5.2.3 2020年前后影响因素的变化

1. 2020年之后居民健康状况与社区生活圈关联更强

本研究首先对居民自评健康状况进行了分析，研究表明：①在不同类型的社区，居民的健康状况存在显著差异；②居民自评健康状况水平出现了下降。

其次，本研究构建了社区建成环境对居民健康状况影响的空模型，即只代入因变量，不代入自变量，以判断样本是否适用于多层线性模型，并分析居民健康状况的差异来源于社区差异的程度。时间点前后总计6个模型经卡方检验，p值均为0.000，表明模型通过检验，且各模型的组间（社区）方差均大于其标准误，这说明居民健康状况的差异很大程度上来源于社区差异[1]，但具体到各模型上，存在较为显著的差异。如表5-2所示，结果表明：①相较于老旧社区，新建社区居民健康状况的差异来源于社区差异的比例很小，主要受个体属性差异与其他因素的影响；②各样本的组内相关系数均有明显的提升，社区生活圈层面对健康状况差异的解释程度更大，因此居民健康状况与社区生活圈存在更强的关联性，与前文居民时空活动范围缩小，日常生活与社区生活圈的关联更为紧密的结论一致。

---

[1] 邱婴芝, 陈宏胜, 李志刚, 等. 基于邻里效应视角的城市居民心理健康影响因素研究——以广州市为例[J]. 地理科学进展, 2019, 38（2）：283-295.

表 5-2　多层线性回归模型结果

解释变量			2020 年前			2020 年后		
			总样本	新建社区	老旧社区	总样本	新建社区	老旧社区
个体属性	性别		0.608	0.992	0.037	0.582	0.824	0.128
	年龄		－0.268***	－0.280***	－0.254***	－0.274***	－0.324***	－0.185***
	学历（参照：初中及以下）	高中/中专	0.499	－0.088	0.771	0.623	0.123	0.982
		大专/本科及以上	1.158*	0.998*	1.148	1.323*	0.913*	1.547**
	就业状况（参照：在业）	离退休	－2.867***	－3.150***	－3.408**	－3.174***	－2.845***	－3.505**
		失业/无业	－6.716***	－3.819*	－9.667*	－7.984***	－5.823*	－9.892*
	家庭人均年收入		0.101	0.131	0.122	1.101**	0.631*	2.023**
	家庭人均住房面积		－0.047***	－0.037***	－0.056	－0.127**	－0.082*	－0.158*
社区生活圈	健康食品店密度		0.812***	0.475	1.281***	1.323***	1.032*	1.872***
	医疗设施密度		1.606***	1.931	1.359***	1.283***	1.251	1.823***
	公园广场密度		3.478***	2.587	3.909***	3.984***	3.275***	4.242***
	健身设施密度		1.693**	1.454	1.897***	2.323***	1.742***	2.765***
	公交站点密度		1.015***	1.848**	0.359*	0.591*	0.919*	0.232
	道路交叉口密度		－0.899**	1.023*	－1.291**	0.862***	1.562***	0.523***
	建筑密度		－0.331***	－0.256	－0.418***	－1.024***	－0.874*	－1.528***
	容积率		－0.903	－2.934***	－0.685*	－0.523*	－1.852**	－0.252**
	人口密度		0.011*	0.024**	0.004	0.231**	0.521***	0.081*
空模型	组间方差		12.727	3.391	23.679	17.069	5.493	32.202
	组内方差		152.148	124.566	183.888	165.723	121.529	198.327
	ICC		7.713%	2.722%	11.408%	10.311%	4.523%	16.237%

续表

解释变量		2020 年前			2020 年后		
		总样本	新建社区	老旧社区	总样本	新建社区	老旧社区
完整模型	组间方差	2.943	2.894	1.697	3.001	3.219	2.045
	组内方差	127.169	103.284	153.314	126.626	101.246	165.623
	ICC	2.264%	2.802%	1.094%	2.374%	3.182%	1.235%
	组间方差缩减比	76.8%	14.7%	92.8%	82.4%	41.4%	93.6%

注：*、**、*** 分别为在 0.1、0.05、0.01 的显著水平上通过检验。ICC（组内相关系数）=组间方差／（组内方差＋组间方差）；组间方差缩减比＝（空模型组间方差－完整模型组间方差）／空模型组间方差。
（来源：作者自绘）

2. 个体属性与生活圈要素对居民健康均有显著影响

在居民个体属性方面，对表5-2进行分析可知，对于不同类型社区居民，个体特征对健康状况的影响呈现一定差异：相比于老旧社区，新建社区居民受文化程度的正向影响更为显著；对于老旧社区，家庭人均住房支出大的居民健康状况可能会更加糟糕。在时间点前后，个体属性对居民健康状况影响基本一致，值得注意的是，家庭人均年收入对居民健康状况的影响有显著变化，这可能是因为突发性公共卫生事件导致经济下行，收入较高的居民拥有更好的抗风险能力，自评健康状况水平也随之升高。

分析表5-2中时间点前后的总样本回归结果发现：各项社区生活圈要素对居民健康状况均有显著影响。其中，健康食品店密度与健康状况呈显著正相关，社区周边食品环境越好，居民越容易养成良好的饮食习惯，健康状况越好[1]。医疗设施密度越高，居民健康状况越好。医疗设施能为居民提供医疗咨询、诊断、治疗服务，社区医疗资源充足时，居民健康状况将显著改善[2]。在出行可达性方面，社区周边公交

---

[1] 张延吉. 城市建成环境对慢性病影响的实证研究进展与启示[J]. 国际城市规划，2019，34（1）：82-88.
[2] D L F，L T S，F J S，et al. Linking objectively measured physical activity with objectively measured urban form: Findings from SMARTRAQ[J]. American Journal of Preventive Medicine，2005，28（2）：117-125.

站数量越多，居民健康状况越好，表明提高公交可达性有利于居民通过公共交通出行，促进"卡路里"消耗[1]。健身设施密度和公园广场密度越高，自评健康状况水平越高。社区周边健身设施为居民提供了更多休闲性体力活动机会，有助于改善居民的健康状况[2]。公园广场能为居民提供良好的休闲游憩活动场地，并且降低居民在空气、噪声污染等中的暴露水平[3]。研究还发现，建筑密度与容积率增高时，居民健康状况水平将出现下降。

3. 良好的空间设计对居民健康起到支撑作用

高密度的路网对居民健康有着促进作用，根据前文的研究结果，现今居民自驾出行的概率变大，机动车道作为重要的对外联系通道，对居民步行与自驾出行有着强烈的促进作用，继而增加了居民获取健康资源、开展体力活动的机会。道路网密度是衡量社区生活圈可步行性的重要标志，时间点后选择通过步行外出的居民占比达到1/3以上，高密度路网可以充分联系社区生活圈内各功能区，促进居民高效流动，使用社区生活圈内的健康设施，进行体力活动。因此，由于居民时空活动发生变化，交叉口密度对居民的影响以促进体力活动、获取健康资源的正向效应为主[4]。而在公交站点方面，由于居民通过公共交通出行的比例明显下降，公交站点对于居民健康的正向促进作用有所减弱。综上可见：①良好的空间设计在保障居民安全出行、获取健康资源、开展体力活动方面表现出了支持与韧性；②由于居民通过公共交通出行的比例降低，公交站点对居民健康的正向影响有所减弱。

4. 充足的健康设施对居民健康促进作用更显著

统计分析显示，公园广场与健身设施对居民健康状况均有显著的正向影响，而在时间点后，公园广场与健身设施的正向促进作用更为显著，尤其是在新建社区，

---

[1] Rundle A, Roux D V A, Freeman M L, et al.The urban built environment and obesity in New York City: A multilevel analysis[J].American Journal of Health Promotion, 2007, 21（4）: 326-334.

[2] 戴颖宜，朱战强，周素红.绿色空间对休闲性体力活动影响的社区分异——以广州市为例[J].热带地理, 2019, 39（2）: 237-246.

[3] 姚亚男，李树华.基于公共健康的城市绿色空间相关研究现状[J].中国园林, 2018, 34（1）: 118-124.

[4] 李婧，高艺，刘雅萌.居民体力活动参与度受城市建成环境要素的影响研究进展[J].科技导报, 2020, 38（7）: 76-84.

公园广场与健身设施和居民健康相关性变化显著。居民活动范围受到压缩，对活动场所的防护安全、人流密度有着更高的要求，居民日常活动大多被限定在社区生活圈内，公园广场与健身设施成为居民日常休闲性体力活动的重要吸引点。同时，相较于城市级的公园广场与体育健身场所，数量较多的社区级口袋公园、健身广场能够有效避免人群的大规模聚集，保障居民日常活动的安全性。综上可见：充足的健康设施对居民的日常活动有着重要的吸引力，对居民健康状况的促进作用更为显著。

5. 较低的密度与和谐的社区人文环境能促进居民健康

统计分析显示，建筑密度与容积率对居民健康状况均有显著的负向影响，在时间点后，高建筑密度对居民健康状况的负向影响更为显著。由于居民活动范围的缩小，负面效应被进一步放大。人口密度的正向促进作用有显著变化，尤其是在新建社区。这可能是因为高档社区大多为"高容积、低密度"的商品房，人际关系较为淡漠，人口密度的增高能够促进社会互动。综上可见：良好的社区人文环境与社会资本对居民健康状况有着促进作用。

6. 社区生活圈对居民健康的影响机制存在社区差异

对于新建社区，在时间点前，仅有公交站点密度、道路交叉口密度、容积率、人口密度，共计4个建成环境变量与自评健康状况呈显著关联，结合上文所述的ICC与组间方差缩减比可知：时间点前，新建社区居民自评健康状况受社区生活圈影响较小。公交站点密度与道路交叉口密度均对健康状况产生显著正向影响，说明新建社区居民的自评健康状况主要受"出行可达性"的制约。在时间点后，健康食品店密度、公园广场密度、健身设施密度、公交站点密度、道路交叉口密度、容积率、人口密度，共计7个建成环境变量与自评健康状况呈显著关联，结合上文所述的ICC与组间方差缩减比可知：时间点后，新建社区居民自评健康状况受社区生活圈影响变大。

对于老旧社区，在时间点前后，各项建成环境变量几乎均对居民健康状况产生显著影响，且回归系数普遍高于新建社区，结合ICC与组间方差缩减比可知：老旧社区居民自评健康状况受社区周边建成环境影响较大。健康设施各类要素均能对老旧社区居民产生显著的正向影响，老旧社区居民健康状况主要受"健康设施可达性"的制约。

社区生活圈对居民健康状况影响机制的社区分异如图5-2所示。

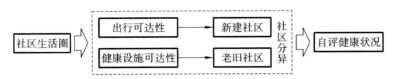

图 5-2　社区生活圈对居民健康状况影响机制的社区分异

（来源：作者自绘）

5.3　社区生活圈评价模型

当前，我国的社区同时面临老旧改造、维护提升、规划新建三大主要任务，但目前我国缺乏适用于所有居住社区的健康导向下的社区生活圈评价体系。根据前文研究，时间点后居民健康状况与社区生活圈有着更强的关联，社区生活圈对居民健康状况产生影响的要素发生了变化，且社区生活圈对居民健康的影响机制存在社区差异，因此健康导向下的社区生活圈评价模型亟待构建。首先，根据前文研究结论，良好的空间设计、充足的健康设施、和谐的人文环境能促进居民健康，以此确立了评价模型中的三大领域：健康空间设计、健康设施配置、社区人文环境。其次，在指标选取方面，从日常生活健康促进与紧急状况健康防护两大角度，构建了完整的指标体系。最后，基于前文中各要素的回归系数，邀请多位行业专家填写问卷，对评价体系内的指标权重进行打分，利用yaahp 辅助软件，构建层次结构模型，得到各级指标权重。

5.3.1　社区生活圈评价模型构建

1. 评价领域确定

近二十年来，地理学、城市规划、公共卫生、管理学等领域的专家对社区生活圈从健康视角开展了一系列评价，但目前对社区生活圈的健康评价仍存在以下三点问题。①评价指标尚未达成共识。虽然目前学界与业界针对健康城市、健康社区、健康建筑已经出台了一系列评价标准,但是多数指标较难获取,可操作性不强。②忽略了社区人文环境的重要作用。现有研究大多仅仅考虑了建成环境,并未将社区人文环境与社区建成环境一同纳入评价。③缺乏结合两个时间维度的综合评价。缺乏对社区生活圈日常生活与紧急状况两个时间维度的综合评价。基于此,本书根据前文研究内容,分析得到社区生活圈促进居民健康的三大主要路径——空间设计、健康设施、人文环境,并梳理目前国内外社区生活圈健康评价相关文献,为构建健康导向下社区生活圈评价模型提供理论依据。在对重要文献进行阅读与梳理后,总结出了国内外社区生活圈健康评价的三大研究热点领域。

1)健康空间设计

在健康空间设计研究方面,国外的关注度比国内更高,大多数研究集中在西方人群,鲜有以亚洲人为实验对象的研究。该领域多以用地布局(如密度、道路连通性)或环境景观(如公共绿地、公园广场)等公共空间要素与慢性病的关联为研究对象,而在社区空间面貌方面,如建成环境品质等方面研究较少[1]。

2)健康设施配置

社区生活圈规划中的配套设施向来是研究的热点,合理的设施布局能够为居民提供健康资源,促进居民健康。在紧急公共卫生事件发生时,社区配套设施也可以迅速转化为各类防护设施。医疗设施是影响健康状况极为重要的因素,当居民处于医疗资源合理分配的环境中时,健康状况将显著改善[2]。在商业设施与生活便利设施中,菜市场、大型超市由于能够提供全面、新鲜的食品,改善居民膳食结构,被认为是健康食品店的代表[3][4],当供给方式发生变化时,这些设施能够转变为资源配给

---

[1] 舒平,舒瑞桓.基于 CiteSpace 的城市建成环境健康效应研究热点分析[J].河北工业大学学报(社会科学版),2021,13(3):77-82.
[2] D L F,L T S,F J S,et al.Linking objectively measured physical activity with objectively measured urban form:Findings from SMARTRAQ[J].American Journal of Preventive Medicine,2005,28(2):117-125.
[3] 林雄斌,杨家文.北美都市区建成环境与公共健康关系的研究述评及其启示[J].规划师,2015,31(6):12-19.
[4] 张雨洋,刘宁睿,龙瀛.健康居住小区评价体系构建探析——基于城市规划与公共健康的结合视角[J].风景园林,2020,27(11):96-103.

处和物资储备场所。教育设施、体育设施与文化设施的可达性与品质增强时，能吸引更多居民开展休闲性体力活动，有助于改善居民健康状况[①]，该类设施能够转化为指挥中心、备用隔离空间、小型方舱医院等[②]。

3）社区人文环境

社区的人文环境较少被纳入社区生活圈评价模型中，但其与社会关系、社会规范、安全程度及社会组织紧密相关。良好的社会人文环境可以提供积极的人际支持，规范社区行为，舒缓心理压力，对居民健康也有明显的正向作用[③]。在人文环境中，社会资本是研究关注的重点，通常采用社会融合、邻里之间的信任程度与互助意愿进行评价[④]。已有研究表明，社区社会资本的提升有助于降低犯罪率，减少抽烟、酗酒等不良行为，有效地提升绿地和公共设施维护水平，帮助监督垃圾回收和环境污染问题，并为老年人等弱势群体提供更多帮助，从而能促进居民心理健康、减少抑郁等心理问题[⑤]。此外，社会资本积累取决于人性化建成环境带来的互动机会和情感归属。设施可达性、道路通达性、功能多样化对社区社会资本积累有着积极作用，而由城市蔓延引发的职住分离、长时间通勤、较少的步行活动等问题减少了社交机会，不利于积累社会资本[⑥]。

综上所述，本书选取健康空间设计、健康设施配置、社区人文环境三大领域，以求全面客观地对健康导向下社区生活圈进行评价。

---

① Irvine N K, Warber L S, Devine-Wright P, et al.Understanding urban green space as a health resource: A qualitative comparison of visit motivation and derived effects among park users in Sheffield, UK [J]. International Journal of Environmental Research and Public Health, 2013, 10（1）: 417-442.

② 王行健,蔡莹莹,孙世界.后疫情时代背景下社区生活圈规划研究——以南京成贤街社区为例[C]//2021中国城市规划年会, 2021.

③ 张雨洋,刘宁睿,龙瀛.健康居住小区评价体系构建探析——基于城市规划与公共健康的结合视角[J].风景园林, 2020, 27（11）: 96-103.

④ 张延吉,邓伟涛,赵立珍,等.城市建成环境如何影响居民生理健康?——中介机制与实证检验[J].地理研究, 2020, 39（4）: 822-835.

⑤ Rundle A, Roux D V A, Freeman M L, et al.The urban built environment and obesity in New York City: A multilevel analysis[J].American Journal of Health Promotion, 2007, 21（4）: 326-334.

⑥ 刘冠秋,马静,柴彦威,等.居民日常出行特征与空气污染暴露对出行满意度的影响——以北京市美和园社区为例[J].城市发展研究, 2019, 26（9）: 35-42+124.

2. 评价指标选取原则

1）针对性

由于评价视角不同或者研究对象不同会产生指标差异，因此本书将以提升居民健康水平为导向，以中部平原城市社区为研究对象，构建评价指标体系。

2）系统性

社区生活圈内影响居民健康水平的要素纷繁复杂，在构建评价指标体系时，需要全面了解可能对居民健康水平产生影响的因素，明确社区生活圈评价领域，构建完善的评价指标体系。

3）可行性

目前我国社区生活圈对居民健康效应研究以理论研究、经验评述为主，缺乏循证研究。部分原因在于相关评价导则中的指标过于理论化与理想化，缺乏可操作性，因此在评价指标体系的构建中应当侧重于指标的可行性。

4）典型性

健康导向下的社区生活圈评价包罗万象，理论层面所涉及的指标维度广、数量多，囿于各种限制，本书无法将所有指标纳入评价体系，因此在评价指标选取的过程中，将纳入部分具有典型性与代表性的指标，以此反映健康导向下社区生活圈评价水平。

3. 评价指标确定

1）评价理论基础构建

根据上述研究内容，本书以提升居民健康水平为导向，确定了涵盖社区内健康空间设计、健康设施配置、社区人文环境三个评价领域，构建了社区生活圈对居民健康的影响机制模型，通过对社区生活圈进行评价，分析问题与特征，制定社区更新策略及措施，从而提升社区生活圈的品质，以此形成逻辑闭环（见图5-3）。

2）评价体系构建

基于居民健康导向的社区生活圈评价模型以及指标选取原则，从日常生活健康促进与紧急状况健康防护两大角度出发，本书确定的具体评价指标如表5-3所示。

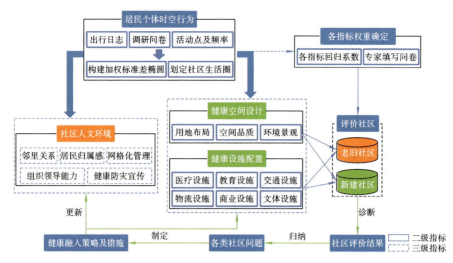

图 5-3 2020 年之后健康导向下社区生活圈评价模型

（来源：作者自绘）

表 5-3 健康导向下社区生活圈评价体系表

一级指标	二级指标	三级指标
A1 健康设施配置	B1 医疗设施	C1 医院
		C2 药店
		C3 养老设施
	B2 教育设施	C4 幼儿园
		C5 中小学
	B3 交通设施	C6 公交、地铁站
	B4 物流设施	C7 物流快递点
	B5 文体设施	C8 社区文化活动中心
		C9 社区公共空间
	B6 商业设施	C10 便利店
		C11 菜市场、超市
A2 健康空间设计	B7 用地布局	C12 建筑密度
		C13 容积率
		C14 可步行性

续表

一级指标	二级指标	三级指标
A2 健康空间设计	B8 空间品质	C15 道路通畅性
		C16 建成环境品质
	B9 环境景观	C17 绿地率
		C18 卫生水平
A3 社区人文环境	B10 社会资本	C19 邻里关系
		C20 居民归属感
	B11 治理能力	C21 组织领导能力
		C22 网格化管理
		C23 健康防灾宣传

（来源：作者自绘）

3）评价指标说明

A1 健康设施配置指标说明：

本研究通过路网数据以及现场调研情况，补充完善了社区生活圈内的步行路网，在ArcGIS中构建了网络空间分析服务区，统计社区生活圈内各类健康设施的5分钟、10分钟、15分钟覆盖率，并定义了健康设施加权可达时间，以衡量各类健康设施的可达性。

各三级指标均通过POI数据获得，利用ArcGIS中网络分析的方法，得到其服务范围，并以其在社区生活圈的加权平均时间作为评价分数。

A2 健康空间设计指标说明：

（1）C12 建筑密度。

该指标通过建筑数据获得，以社区生活圈的建筑密度作为评价分数。

（2）C13 容积率。

该指标通过建筑数据获得，以社区生活圈的容积率作为评价分数。

（3）C14 可步行性。

本书采用路网连通性作为表征并通过空间句法的方式进行评价。

（4）C15道路通畅性。

该指标通过现场调研或街景照片的方式进行评价。

（5）C16建成环境品质。

该指标可以通过问卷调查或现场调研、街景照片的方式进行评价。

（6）C17绿地率。

该指标通过土地利用数据进行评价。

（7）C18卫生水平。

社区卫生水平是指社区生活圈内道路的整洁度、是否存在垃圾桶或其他垃圾收集装置。

A3社区人文环境指标说明：

（1）C19邻里关系。

该指标通过问卷调查获得，以居民在社区内的朋友数量作为评价结果。

（2）C20居民归属感。

该指标通过问卷调查获得，以居民对社区归属感打分的平均分数作为评价结果。

（3）C21组织领导能力。

该指标通过问卷调查获得，以居民对社区组织领导能力打分的平均分数作为评价结果。

（4）C22网格化管理。

该指标以平均每个网格员所管理的居民人数作为评价结果。

（5）C23健康防灾宣传。

该指标通过问卷调查获得，以居民对社区健康防灾宣传认可度作为评价结果。

4. 评价指标权重计算及分析

1）评价指标权重的计算方法

在健康导向下的社区生活圈评价模型的基础上构建比较矩阵模型。确定同一层次下各指标的相对重要程度，并根据其重要程度所对应的标度建立比较矩阵，对评价的过程进行量化。

2）权重计算

本书根据研究的实际情况与研究深度,将采用算术平均法进行权重计算。

3）一致性检验

在各个专家完成判断的基础上,通过yaahp软件进行权重计算。由于评价体系指标数量较多,专家可能会出现前后逻辑不一致的问题,为避免指标重要性的前后矛盾,应进行一致性检验。

4）层次结构模型构建

依据上文构建的健康导向下的社区生活圈评价体系,目标层是指社区生活圈促进居民健康能力;准则层是指本研究所考虑的因素,主要包括健康设施配置、健康空间设计、社区人文环境等内容;方案层即各社区。层次结构模型如图5-4所示。

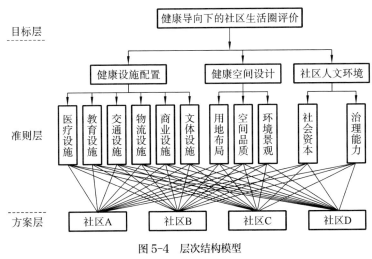

图5-4 层次结构模型

(来源：作者自绘)

5）指标权重结果

本书邀请城市规划领域的6位专家,填写"健康导向下的社区生活圈评价指标层次分析法判定打分"调研问卷,在向专家展示多层线性回归模型结果,并对专家充分解释结果的情况下,邀请专家对评价体系三个层次的指标权重进行打分。利用yaahp软件,可以进行一致性检验,当结果合格时,取6位专家确定的指标权重平均值作为本书指标最终权重值。最终结果如表5-4所示。

表 5-4　健康导向下社区生活圈评价指标权重

一级指标	一级指标权重	二级指标	二级指标权重	三级指标	三级指标权重
健康设施配置	0.4023	医疗设施	0.1004	医院	0.0487
				药店	0.0365
				养老设施	0.0152
		教育设施	0.0587	幼儿园	0.0235
				中小学	0.0352
		交通设施	0.0521	公交、地铁站	0.0521
		物流设施	0.0346	物流快递点	0.0346
		文体设施	0.0723	社区文化活动中心	0.0264
				社区公共空间	0.0459
		商业设施	0.0842	便利店	0.0463
				菜市场、超市	0.0379
健康空间设计	0.3364	用地布局	0.1562	建筑密度	0.0689
				容积率	0.0287
				可步行性	0.0586
		空间品质	0.1026	道路通畅性	0.0342
				建成环境品质	0.0684
		环境景观	0.0776	绿地率	0.0512
				卫生水平	0.0264
社区人文环境	0.2613	社会资本	0.1071	邻里关系	0.0411
				居民归属感	0.0660
		治理能力	0.1542	组织领导能力	0.0640
				网格化管理	0.0526
				健康防灾宣传	0.0376

（来源：作者自绘）

5.3.2 社区生活圈评价模型实证应用

1. 评价社区选取

在评价社区选取方面，本书依托两个主要原则，一是差异性，二是典型性。根据以上原则，综合考虑地理区位的影响，本研究于武汉市中心城区选取了4个评价社区——A老旧社区位于硚口区，B老旧社区位于江岸区，C新建社区位于武昌区，D新建社区位于青山区——为研究对象。

1）A老旧社区

A老旧社区位于硚口区汉正街道，该社区历史悠久，毗邻武汉市最大的小商品集散地——汉正街市场。社区地处武汉市最大的旧城区，人口密度近每平方公里10万人。社区辖区面积5.3公顷，现有居民1539户，约5000人，社区党支部下设6个党小组，共有党员125名，社区专干12人，在职党员3人。社区北临中山大道，东接宝善街，西毗利济路，南靠长堤街，沿街均为商业铺面，社区建筑由低层建筑与多层建筑围合而成，建筑密度较高，公共空间匮乏，是硚口区典型的老旧社区。

2）B老旧社区

B老旧社区位于江岸区丹水池街道，由1个自治小区组成，该社区建于20世纪90年代。社区占地0.8平方公里，共有6个院落，现有居民5694人，2328户，其中注册登记社区志愿者564人，占常住居民的10%，党支部人数198人。社区东倚长江边，南临沿江大道，西至新村街交界，北抵解放大道，社区内部及周边商业设施匮乏，社区内建筑以低层与多层为主，紧沿道路形成院落，是江岸区城乡接合部典型的老旧社区。近年来社区充分发挥其在志愿服务中的作用，开展了多样化的志愿服务。

3）C新建社区

C新建社区地处武昌区杨园街道，由4个居住小区组成，建成年代最久的小区于2007年建成。社区所辖面积0.3平方公里，现有居民3982户，15000余人，其中社区志愿者队伍4支511人。社区东临才华街与四美塘路，社区内部被武汉大道与和平大道垂直分割。社区拥有公园、购物中心、4座高层写字办公楼。社区内部建筑以高层建筑为主，采用行列式的布局手法。该社区建成环境较好，先后荣获武汉市"达标社区""安全文明社区"与一系列区级荣誉称号。

4）D新建社区

D新建社区地处青山区红卫路街道，由2个居住街坊组成，建成年代最久的小区于2008年建成。社区东临和平公园，南接本溪街，西毗建设三路，北依临江大道。社区所辖面积0.12平方公里，属半敞开型混合型社区，共有102个门栋，住户2025户，总人口4513人。社区沿街店铺众多，商业发达，和平公园部分区域坐落于社区内。社区内无大型商业综合体，有1家三级甲等综合医院。社区内部建筑以高层为主，主要采用行列式的布局手法，是青山区典型的新建社区。

2. 社区生活圈测度划定

本研究采用加权标准差椭圆的方法对武汉市评价社区生活圈进行测度与划定。其中，椭圆中心反映了社区生活圈的中心，椭圆长半轴反映了社区生活圈的方向，椭圆短半轴反映了社区生活圈的范围，扁率（椭圆长短轴的差值与椭圆长轴的比值）越大，则社区生活圈的方向性越明显。

1）A老旧社区

通过调查访谈，获取A老旧社区的37位居民日常居住地、休闲地与购物地，并确定休闲地与购物地的具体访问次数，得到A老旧社区的社区生活圈边界与范围。在购物地出行选择方面，A老旧社区居民购物地大多位于社区附近的汉正街市场，也有部分居民倾向于前往武广商圈与江汉路步行街进行购物。在休闲地出行选择方面，A老旧社区居民大多在社区附近进行休闲性体力活动，也有部分居民倾向于前往汉江边开展体育锻炼。对加权标准差椭圆进行分析，A老旧社区生活圈长轴与中山大道平行，长轴半径约为1000米，短轴半径约为650米，与15分钟社区生活圈所要求的800～1000米服务半径基本吻合，因此选取1个标准差大小的加权标准差椭圆作为A老旧社区生活圈范围，其方向基本为A老旧社区—汉正街市场。

2）B老旧社区

通过调查访谈，获取B老旧社区的40位居民日常居住地、休闲地与购物地，并确定休闲地与购物地的具体访问次数，得到B老旧社区的社区生活圈边界与范围。在购物地出行选择方面，B老旧社区居民购物地大多位于社区附近的永旺超市，其余居民则倾向于前往二七商务区、汉口城市广场与季佳·荟华林广场进行购物。在休闲地出行选择方面，B老旧社区居民大多在社区附近的百步亭游园与长江江滩进行休闲性体力活动，也有部分居民倾向于前往汉口江滩开展体育锻炼。对加权标准差椭圆进行分析，B老旧社区生活圈长轴方向为"B老旧社区—百步亭"方向，长轴半径约为800米，短轴半径约为450米，与15分钟社区生活圈所要求的800~1000米服务半径基本吻合，因此选取1个标准差大小的加权标准差椭圆作为B老旧社区生活圈范围。

3）C新建社区

通过调查访谈，获取C新建社区的42位居民日常居住地、休闲地与购物地，并确定休闲地与购物地的具体访问次数，得到C新建社区的社区生活圈边界与范围。在购物地出行选择方面，C新建社区居民购物地基本位于社区附近的徐东商圈。在休闲地出行选择方面，C新建社区居民大多在社区附近的四美塘公园与武昌江滩进行休闲性体力活动。对加权标准差椭圆进行分析，C新建社区生活圈的扁率非常大，即C新建社区生活圈的方向性非常明显，为"武昌江滩—C新建社区—徐东商圈"方向，长轴半径约为700米，短轴半径约为350米，与15分钟社区生活圈所要求的800~1000米服务半径基本吻合，因此选取1个标准差大小的加权标准差椭圆作为C新建社区生活圈范围。

4）D新建社区

通过调查访谈，获取D新建社区的35位居民日常居住地、休闲地与购物地，并确定休闲地与购物地的具体访问次数，得到D新建社区的社区生活圈边界与范围。在购物地出行选择方面，D新建社区居民购物地基本位于社区附近的武商城市奥莱与印象城购物中心，少部分居民倾向于前往奥山世纪广场。在休闲地出行选择方面，D新建社区居民大多在社区附近的和平公园与青山江滩进行休闲性体力活动。对加权标准差椭圆进行分析，D新建社区生活圈的方向性与长江一致，主要沿着平行于长江的几条城市主干道发展，为"武商城市奥莱—D新建社区—和平公园—印象城购物中心"方向，长轴半径约为700米，短轴半径约为450米，与15分钟社区生活圈所要求的800~1000米服务半径相差不大，因此选取1个标准差大小的加权标准差椭圆作为C新建社区生活圈范围。

3. 社区生活圈评价实证

1）健康设施配置

在医疗设施方面：①在医院指标上，A老旧社区生活圈内综合医院及社区卫生服务中心、卫生服务站数量较多，且分布较为均匀；D新建社区生活圈内医院主要集中在南侧靠近和平大道一侧，北部医院可达性较差（见图5-5）。②在药店指标上，A老旧社区生活圈与C新建社区生活圈内药店分布较为均匀，B老旧社区生活圈内药店数量较少，主要集中在生活圈西侧的位置（见图5-6）。③在养老设施指标上，B老旧社区与C新建社区生活圈均有两处养老设施，但空间距离相隔很近；D新建社区生活圈内养老设施缺乏（见图5-7）。

图5-5　A、B、C、D案例社区生活圈医院可达性分析

（来源：作者自绘）

图5-6　A、B、C、D案例社区生活圈药店可达性分析

（来源：作者自绘）

图5-7　A、B、C、D案例社区生活圈养老设施可达性分析

（来源：作者自绘）

在教育设施方面：①在幼儿园指标上，B老旧社区与D新建社区生活圈内的幼儿园数量较少，分别为2所与1所；A老旧社区与C新建社区生活圈内幼儿园数量较多，且分布较为均匀（见图5-8）。②在中小学指标上，A、B老旧社区生活圈内中小学

数量较多，可达性较好；C新建社区生活圈内没有对应的中小学，D新建社区生活圈内仅有一所中小学（见图5-9）。

图5-8　A、B、C、D案例社区生活圈幼儿园可达性分析

（来源：作者自绘）

图5-9　A、B、C、D案例社区生活圈中小学可达性分析

（来源：作者自绘）

在交通设施方面：在公交、地铁站指标上，A老旧社区生活圈内公交、地铁站数量多且分布广，5分钟即可覆盖整个社区生活圈范围；C新建社区生活圈内公交、地铁站数量较少，且2个站点位于生活圈最南侧；B老旧社区与D新建社区生活圈内交通站点数量适中，分布较为均匀（见图5-10）。

图5-10　A、B、C、D案例社区生活圈公交、地铁站可达性分析

（来源：作者自绘）

在物流设施方面：在物流快递点指标上，D新建社区生活圈内的物流点数量较少，仅有3处；作为比较，A老旧社区生活圈居民基本能在5分钟到达最近的物流点（见图5-11）。

图5-11　A、B、C、D案例社区生活圈物流快递点可达性分析

(来源：作者自绘)

在文体设施方面：①在社区公共空间指标上，B老旧社区生活圈范围内缺乏社区公共空间，A老旧社区与D新建社区生活圈范围内公共空间较少，C新建社区生活圈内公共空间数量较多，分布较均匀（见图5-12）。②在社区文化活动中心指标上，B老旧社区与D新建社区生活圈范围内仅有1处社区文化活动中心，虽然选址较为靠近中心，但仍难以满足生活圈内所有居民的需求（见图5-13）。

图5-12　A、B、C、D案例社区生活圈公共空间可达性分析

(来源：作者自绘)

图5-13　A、B、C、D案例社区生活圈文化活动中心可达性分析

(来源：作者自绘)

在商业设施方面：①在便利店指标上，各社区生活圈内均有较多的便利店，其中A老旧社区与C新建社区居民均能在5分钟内步行前往最近的便利店，B老旧社区与D新建社区生活圈内便利店的加权平均可达时间也较好（见图5-14）。②在菜市场、超市指标上，各社区生活圈的该项指标结果均较好，其中A老旧社区与C新建社区生活圈内的菜市场、超市基本能在5分钟步行范围内覆盖所有居民（见图5-15）。

图 5-14　A、B、C、D 案例社区生活圈便利店可达性分析

（来源：作者自绘）

图 5-15　A、B、C、D 案例社区生活圈菜市场、超市可达性分析

（来源：作者自绘）

案例社区生活圈各类设施可达性如表5-5所示。

表 5-5　案例社区生活圈各类设施可达性

设施类型	社区生活圈加权平均可达时间/分			
	A	B	C	D
医院	5.35	6.45	5.55	7.05
药店	5.65	8.1	5.2	8.05
养老设施	8.4	9.3	8.05	20
幼儿园	6.65	9.15	6.25	10.05
中小学	7.8	9	20	10.4
公交、地铁站	5.2	8.4	10.65	8.4
物流快递点	5.4	6.95	7.35	11.95
社区公共空间	11.6	20	5.2	12.55
社区文化活动中心	6.95	9.3	7.1	10.45
便利店	5	6.25	5	6.2
菜市场、超市	5	6.35	5.6	6.6

（来源：作者自绘）

2）健康空间设计

健康空间设计包括用地布局、空间品质、环境景观3个方面，其中用地布局通过建筑密度、容积率、可步行性3个评估指标衡量；空间品质通过道路通畅性、建成环境品质指标衡量；而环境景观通过该社区的绿地率、卫生水平指标进行衡量，共7个评估指标。

在用地布局方面：①在建筑密度指标上，A老旧社区生活圈与B老旧社区生活圈内的建筑均为围合式建筑，建筑密度较高，公共空间匮乏；而C新建社区生活圈与D新建社区生活圈内的建筑大多为行列式组合，建筑密度较低，拥有较多的开放空间。②在容积率指标上，A老旧社区生活圈与B老旧社区生活圈内的建筑大多为低层建筑与多层建筑；而C新建社区生活圈与D新建社区生活圈内的建筑大多为高层建筑。③在可步行性指标上，C和D新建社区生活圈内的路网可步行性较高，主要是因为其中居住小区多，路网大多为鱼骨状或行列式，向心性与围合性较好；而A老旧社区生活圈虽然道路密度高，但断头路较多，部分区域被大型商场所分割；B老旧社区路网密度较低（见图5-16）。

图 5-16　案例社区生活圈道路整合度

（左上至右下依次为 A、B、C、D 社区生活圈）

（来源：作者自绘）

在空间品质方面：①在道路通畅性指标上，A老旧社区无规划停车位，社区内部仅有人行道与非机动车道，无消防通道，且社区周边沿街商铺众多，存在占道经营、人车混行、交通拥堵的现象；B老旧社区实行地面停车，停车位并不充足，出现了部分堵塞消防通道的情况，社区周边人行道环境一般；C新建社区内的居住小区大多采用地面停车，停车位较为充足，机动车道与消防通道较为通畅，社区周边人行道步行体验较好；D新建社区内的居住小区大部分实现人车分流，机动车驶入社区内直接进入地下停车场，地面车道通畅，社区周边人行道步行体验好。②在建成环境品质指标上，根据问卷调研结果，A老旧社区生活圈满意度最低，居民反映的问题大多集中在设施设备老化严重、安全隐患较多等方面；B老旧社区生活圈满意度较低，居民反映的问题大多集中在建筑破损、绿化不足等方面；C新建社区生活圈满意度较高，居民反映的问题主要为部分公共空间破败；D新建社区生活圈满意度最高，居民反映的问题较少。

在环境景观方面：①在绿地率指标上，B老旧社区内部绿地空间较少，但社区生活圈内部拥有百步亭游园以及沿江绿地，绿地率稍高于A老旧社区；C新建社区内部绿地空间较为充足，且四美塘公园部分区域位于社区生活圈内部，绿地率较高；D新建社区内部绿化充足，和平公园部分区域位于社区生活圈内部，绿地率最高。②在卫生水平指标上，根据居民调研问卷的评分结果，A老旧社区居民对社区卫生水平满意度较低，社区生活圈环境较为脏乱差，来源大多为沿街店铺所产生的食品垃圾；D新建社区居民对生活圈内环境较为满意。

3）社区人文环境

社区人文环境包括社会资本、治理能力两个方面，其中社会资本通过邻里关系、居民归属感2个评估指标衡量；治理能力通过组织领导能力、网格化管理、健康防灾宣传3个指标衡量。

在社区社会资本方面：①在邻里关系指标上，A老旧社区生活圈得分最高，社区居民拥有10个及以上亲朋好友的比例达到了33%；作为比较，C新建社区居民该项比例仅为11%，而1~3个亲朋好友的比例达到了42%。②在居民归属感方面，A老旧社区居民归属感最高，可能与该地区悠久的历史存在正相关，其余三个社区无明显差距。

在社区治理能力方面：①对于组织领导能力，A老旧社区的居民对社区组织领导能力认可度较低，主要体现在防疫时期双方矛盾突出，主要有物资供应不足、封控时间过长、社区人员混杂等问题；C新建社区80%以上的居民对社区组织领导能力比较认可或是非常认可。②在网格化管理方面，该指标通过实地走访社区居委会，了解社区内的网格数量与网格员人数，再根据社区居民数量求得。③在健康防灾宣传方面，两个新建社区居民以年轻人为主，获取信息的渠道广泛，能够全面获取健康知识与防灾信息；而A、B老旧社区居民以老年人为主，信息获取渠道主要为家人朋友介绍、社区宣传等。

4. 指标评价结果分析

1）指标评价结果

由于指标单位与取值范围均不相同，本书对所有指标采取标准化处理，将标准化处理后的指标数值乘以指标权重，评价结果如表5-6所示。

表5-6　案例社区生活圈评价结果

一级指标	二级指标	三级指标	A老旧社区	B老旧社区	C新建社区	D新建社区
健康设施配置	医疗设施	医院	4.870	1.719	4.297	0.049
		药店	3.084	0.037	3.650	0.063
		养老设施	1.475	1.361	1.520	0.015
	教育设施	幼儿园	2.103	0.557	2.350	0.000
		中小学	3.520	3.174	0.035	2.770
	交通设施	公交、地铁站	5.210	2.151	0.052	2.151
	物流设施	物流快递点	3.460	2.641	2.430	0.035
	文体设施	社区公共空间	2.628	0.046	4.630	2.331
		社区文化活动中心	3.790	1.245	3.628	0.038
	商业设施	便利店	0.026	0.000	2.640	0.106
		菜市场、超市	4.590	0.717	2.869	0.046

续表

一级指标	二级指标	三级指标	A 老旧社区	B 老旧社区	C 新建社区	D 新建社区
健康空间设计	用地布局	建筑密度	3.111	0.069	6.890	6.723
		容积率	2.780	2.870	0.269	0.029
		可步行性	1.381	0.059	4.144	5.860
	空间品质	道路通畅性	0.034	1.710	2.565	3.420
		建成环境品质	0.068	2.318	6.100	6.840
	环境景观	绿地率	0.051	1.772	4.135	5.120
		卫生水平	0.026	1.880	1.980	2.640
社区人文环境	社会资本	邻里关系	4.190	3.513	0.042	1.128
		居民归属感	6.740	2.386	2.484	0.067
	治理能力	组织领导能力	0.065	4.027	6.530	4.826
		网格化管理	0.054	4.349	5.370	5.034
		健康防灾宣传	0.038	0.513	3.840	2.517
总计	—	—	53.294	39.114	72.450	51.808

（来源：作者自绘）

2）指标评价分析

（1）新建社区生活圈的评价结果优于老旧社区生活圈，但仍有诸多不足。

将各社区生活圈各项指标评价结果乘以指标权重，得到健康导向下社区生活圈评价结果，如表5-7所示，可见新建社区生活圈的评价结果更好。C新建社区建成年代较近，在健康设施配置与健康空间设计方面均有较好的表现，且作为武汉市"达标社区""安全文明社区"，在社区社会资本与治理能力方面也有较大优势，因此综合得分最高。B老旧社区位于江岸区城乡接合部，在健康设施配置、健康空间设计方面存在较为明显的问题，因此得分垫底。纵观四个社区，均或多或少存在问题，如A老旧社区虽然地处汉口核心区，生活便利，健康设施配置较为齐全，但在健康空间设计与社区治理能力方面存在显著的短板;而D新建社区虽然建成环境品质较高,健康空间设计较为优质,但在健康设施配置方面存在一定的缺憾。

表5-7 健康导向下社区生活圈评价总得分

排序	社区	总得分
1	C 新建社区	72.450
2	A 老旧社区	53.294
3	D 新建社区	51.808
4	B 老旧社区	39.114

(来源:作者自绘)

(2)在一级指标方面,新建社区生活圈在健康空间设计与社区人文环境两个领域表现更好,而老旧社区生活圈在健康设施配置领域更突出。

按社区类型将健康设施配置、健康空间设计、社区人文环境三个领域的得分进行划分,结果如表5-8所示。新建社区在健康空间设计领域有着较大的优势,体现了新建社区有着较高的建成环境品质;在社区人文环境方面,新建社区略微占有优势,体现了新建社区与老旧社区的差异性;老旧社区在健康设施配置方面存在一定优势,这是因为老旧社区建成年代较早,占据着城市中较好的区位,设施配套较为齐全。

表5-8 一级指标得分统计表

一级指标	老旧社区生活圈平均得分	新建社区生活圈平均得分
健康设施配置	24.202	17.853
健康空间设计	9.065	28.358
社区人文环境	12.938	15.919

(来源:作者自绘)

(3)在二级指标方面,新老社区社会资本、治理能力差异显著,新建社区凝聚力有待提高,老旧社区管理能力亟待加强。

老旧社区在社会资本方面相较新建社区有着明显的优势,一方面,老旧社区大多为原单位社区、机关大院或回迁小区,居民大多有着相同的社交圈与朋友圈,彼此较为熟络。另一方面,老旧社区居民大多为中老年人,在社区内居住多年,归属感强烈;而新建社区大多为商品房小区,居民大多为中年人与年轻人。除此之外,老旧社区的街坊式、院落式布局有着更好的围合性,有利于促进邻里关系;良好的社会资本能够改善社区居民的健康状况,在面对突发情况时,居民也能够互帮互助,共渡难关。但在社区治理能力方面,由于老旧社区人口众多,并且居民构成相对复杂,且老旧社区居民对社区领导能力认可度较低,网格员平均管理人数较多,社区居委会管理压力与负担较大。

(4)在二级指标方面,老旧社区交通、物流设施配套充足,新建社区文体设施表现更好。

老旧社区相较于新建社区,在交通设施与物流设施方面有着显著的优势,这是因为老旧社区生活圈区位较为中心,往往有着更大的路网密度,而公交、地铁站点和物流点往往与路网密度呈显著正相关,因此老旧社区生活圈内的交通、物流设施可达性非常好,且存在一定的冗余度。在健康设施配置领域,新建社区在文体设施方面有一定的优势,这是因为新建社区更为注重公共空间与社区活动中心的配套,而老旧社区由于建成年代较为久远,缺乏相应的配置空间。

二级指标得分情况如表5-9所示。

表5-9 二级指标得分表

二级指标	新建社区生活圈平均分	老旧社区生活圈平均分
医疗设施	4.797	6.273
教育设施	2.578	4.677
交通设施	1.102	3.681
物流设施	1.233	3.051
文体设施	5.314	3.855
商业设施	2.831	2.667
用地布局	11.958	5.135

续表

二级指标	新建社区生活圈平均分	老旧社区生活圈平均分
空间品质	9.463	2.065
环境景观	6.938	1.865
社会资本	1.861	8.415
治理能力	14.059	4.523

（来源：作者自绘）

5.4　空间治理策略

5.4.1　全面带动，发挥生活圈健康"供给站"作用

1. 功能完善：构建15分钟"健康生活圈"

针对居民罹患呼吸道、心血管疾病及糖尿病等慢性病情况与肥胖现象，本书以促进居民体力活动与人际交往为目标，优化居民日常生活方式，构建健康生活圈。①针对社区生活圈评价中文体设施不足的情况，生活圈中应增加高可达性的绿地广场、健身设施、开放空间，让居民可以在社区中随时随地开展散步、跑步、骑行等休闲性体育活动，并营造有利于居民交流互动的空间；②针对社区生活圈评价中部分社区养老设施缺位的情况，生活圈中应配套社区养老院、老年活动室、老年照料中心等设施，让居民老有所养，老有所依；③针对社区生活圈评价中医疗设施不足的情况，生活圈应增加社区卫生服务中心、卫生服务站等设施，从而强化社区层面的健康监测，让居民能够方便快捷地进行健康检查，建立健康档案，对慢性病进行防控与治疗，实现"分级诊疗"的目标。

为应对传染性疾病、自然灾害、人为灾难等紧急状况，本书提出通过增设应急设施、建立应急机构两大手段[1]，达到快速有效处理、长期稳定应对两大目的。

---

[1] 王兰，李潇天，杨晓明. 健康融入15分钟社区生活圈：突发公共卫生事件下的社区应对[J]. 规划师，2020，36（6）：102-106+120.

①在建立应急机构方面，社区生活圈应构建紧急综合指挥中心、紧急医疗服务中心，并配备相应兼职工作人员，定时进行专门化培训，一旦突发事件发生，指挥中心与服务中心便能及时启动、响应、报送，并结合大数据监测与智慧城市系统，对突发事件的每一个环节进行指挥与协调；②在配备应急设施方面，需要增设药品与物资供应点、备用隔离空间、防灾广场公园、护理设施。在管控时期，药品与日常物资的匮乏成为社区最大痛点，因此在15分钟社区生活圈内也应当增设药品与物资供应点。传染性疾病蔓延时，往往容易出现隔离空间不足等情况，因此有必要增设备用隔离空间。护理设施可考虑进行长期、紧急状况的全周期配套，拥有物资储备、厕所淋浴、电源供应的防灾广场公园可以成为紧急避难场所，以备不时之需。

在15分钟社区生活圈中针对性纳入日常生活中健康促进、紧急突发状况下健康保护两大设施，能够有效将健康融入社区生活圈（见图5-17）。

图5-17　15分钟社区"健康生活圈"模式图

(来源：作者自绘)

2. 空间结构：打造"日常-应急"转换体系

打造"开放型—封闭型"社区生活圈空间结构。在日常生活中，社区生活圈内的医疗、教育、商业设施应当邻近社区内主要道路，确保拥有较高的可达性，并且能够与相邻社区互补，为社区居民的日常生活提供支撑保障，打造"开放型社区生活圈"。而在突发紧急状况下，社区生活圈应以"医疗服务圈"与"应急避难圈"为核心，形成"封闭型社区生活圈"。在这种情况下，社区生活圈内的各项设施应当进行功能置换，例如公园广场可以转换为避难场所，中小学可以转换为隔离场所、方舱医院（见图5-18）。此外，在空间体系上，也应当注重空间层次的划分，对于15-10-5分钟社区生活圈，在日常生活中，应当以各级公共服务设施为中心，实现公共服务的"面状共享"；在突发紧急状况下，应当以卫生服务设施为核心，实现医疗设施的"线状流动"。

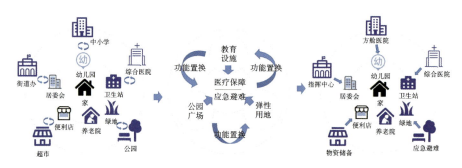

图 5-18 "日常－应急"社区生活圈空间结构图

（来源：作者自绘）

5.4.2 点状提升，构建社区自身健康"庇护所"体系

1. 智慧升级：推进社区智能体系建设

为了提高社区的健康水平，全力打造社区智能服务体系，可以从以下几点做起。①"日常健康监测"信息平台：信息平台主要的使用者与管理者是社区居委会与网格员，网格员通过社区大数据平台统计居民的基本信息与日常状况，着重对社区内的老龄人群、残障人士、慢性病患者、低收入人群的基本情况、日常需求与健康状况进行统计与监测，并对社区内各类智慧基础设施进行监测，构建数据库。②"紧急突发情况"应急响应机制：基于"日常健康监测"信息平台的实时数据，能够及时精准反馈给社区工作人员，在紧急突发情况发生时，通过"社区智能平

台"了解社区情况,从而为政府决策提供支撑,并且能够对社区内的弱势群体进行精细化管理。紧急突发情况发生时,能够快速响应,及时救助,有序疏散,最大限度降低损失。③"智能社区商业"(见图5-19)业态模式:线上购物、社区团购、"无接触式配送"成为新的社区商业热点,为了推进智慧商业服务体系建设,社区应当积极推进"社区仓库+零售"模式。社区可以与各零售公司达成协议,将"社区仓库"作为各公司的"前置仓",并通过配送员解决"最后一公里"的问题。"社区仓库"既能增加物流服务能力,又能有效应对紧急突发情况。而"无接触服务"是2020年后社区商业新的服务模式,社区应当设立特定的"物流点",快递员与外卖员将商品放置于指定位置,减少面对面接触,从而保障快递员、外卖员与社区居民的健康。武汉一刻钟便民生活圈商业业态如图5-20所示。

商业数字化转型
引导社区实体零售企业与互联网及电商企业合作,创建"实体店+小程序或App"服务平台,推广无接触交易、网订店取(送)等新模式

引导社区商业主体拓展沉浸式、体验式、互动式消费场景,支持在便民生活圈举办产品发布品鉴、小型线下推广会、创意集市等活动

智能移动商业设施
利用社区广场、停车场、物业用房等场所,引入智能快递柜、智能冷冻柜、自助售货机、无人值守便利店、智能回收机等可移动便民商业服务设施

落实"平战结合"要求,鼓励连锁企业、菜市场加快转型,提升供应链管理能力,采用无人零售、无接触配送、无感支付等手段配送基本生活物资

商业智慧消费场景

探索应急保障路径

图 5-19　智能社区商业

(来源:作者自绘)

大型零售+小店
鼓励大型实体零售企业开放门店资源,引进洗染、美容美发、特色餐饮等业态,叠加服务功能,降低进驻费用,增强微利业态经营可持续性

品牌连锁覆盖
鼓励中百、武商、盒马等大企业开放供应链、物流渠道,为小商店、杂货店等个体工商户提供集采集配、统仓统配等一站式服务

品质提升类
社区养老服务中心、婴幼儿照护服务、特色餐饮、新式书店、运动健身房、教育培训点、旅游服务点、保健养生店、茶艺咖啡馆等

基本保障类
便利店、综合超市、菜市场(生鲜超市)、早餐店、洗染店、美容美发店、照相文印店、家政服务点、维修点、药店、邮政快递综合服务点(快递公共取送点)、再生资源回收点等

图 5-20　武汉一刻钟便民生活圈商业业态

(来源:作者自绘)

2. 改造提升：建立社区"项目行动库"

本书针对前文研究选取的4个典型社区生活圈，提出相应的重点提升方向与规划意向，并整理成具体"项目行动库"（见表5-10），对相关利益主体进行访谈。

表5-10 具体"项目行动库"一览

典型社区生活圈	健康设施	用地布局	空间品质	环境景观
A 老旧社区	品质化提升、改造公共活动空间；优化菜市场内外环境	建筑立面改造更新；加装电梯；完善社区门禁系统；增设适老无障碍设施；打通断头路	整治街边占道经营乱象；完善路灯系统；增设垃圾桶与消防设施	社区内部空地的绿化改造；围绕汉正街商贸文化统一路边招牌；构建特色夜间灯光系统
B 老旧社区	扩容、增设养老设施；品质化提升、新建文化活动中心	加装电梯；增设适老无障碍设施；建筑立面改造更新；拆除违章建筑	划定地上停车区域；增设路灯、公共座椅；品质化提升人行道	沿江风貌整治；构建沿江步行绿道系统
C 新建社区	扩容、增设养老设施；增设物流快递点	增设适老无障碍设施；部分建筑立面改造更新	整治路边违停现象；新增地下停车场或建设停车楼	绿地精细化提升；围绕四美塘工业遗产打造特色文化、商业空间；增设社区博物馆
D 新建社区	新建养老设施；品质化提升、新建文化活动中心；增设物流快递点	增设适老无障碍设施	划定地上停车区域；部分区域道路平整硬化	社区景观与周边文化协调改造；构建特色夜间灯光系统

（来源：作者自绘）

5.4.3 差异提升，找准新建社区健康提升"助推器"

1. 路网体系：完善步道系统，保障居民便捷出行

为完善社区道路体系，保障居民便捷出行，本书提出以下建议。①开展微循环行动，提升道路通达性。一方面，社区应打通断头路，提升社区与外部的连接性，在保障社区安全的基础上，增设社区车行与步行出入口。另一方面，本书提及的典型新建社区，虽然均配有地下停车场，但停车位数量严重不足，地面上违停现

象依旧严重。对于有条件的社区，可以扩建地下停车场，或增设停车楼，实现人车分流，保障居民步行安全；对于其他社区，可开发社区边角空间，增设停车位，规范停车空间，提升社区通畅性。②打造社区绿道，改善步道体验。新建社区内部分区域步行道品质较差，道路未平整与硬化，行道树缺乏。社区人行道应及时硬化平整，配套绿化，在绿植搭配上注重地域性与层次感，改善社区微气候。配备专人修建绿化、清扫道路，提升居民步行体验，打造良好绿道，为居民步行、跑步、骑行提供良好场地。

2. 社区文化：营造文化内涵，提升居民凝聚力

为营造社区文化内涵，提升居民凝聚力，本书提出两点建议。①解析社区文化基因，提升居民文化认同。②打造社区特色活动，提升居民参与度。通过举办社区活动，促进居民交流互动，能够有效改善邻里关系，提升居民凝聚力。街道以及居委会可以以家庭为单位，组织社区内的儿童开展春游活动，利用武汉丰富的江河湖泊资源，选取邻近地开展露营、野炊活动；也可以以本地文化为主题，举办读书会、征文比赛、书画比赛。C新建社区文化营造示意图如图5-21所示。

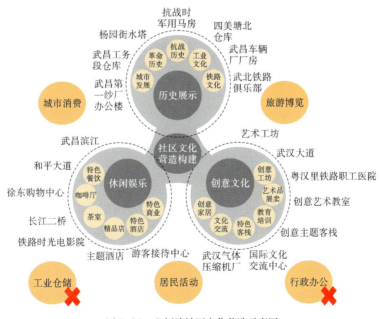

图5-21 C新建社区文化营造示意图

(来源：作者自绘)

3. 医疗设施：提高医疗冗余，增强社区免疫力

为提高医疗冗余，增强社区免疫力，本书提出以下两点建议。①构建分级诊疗体系。在防控时期，多数居民只相信三甲医院，大量涌入三甲医院，造成医疗设施挤兑，并且出现了大量的交叉感染。因此，应重视分级诊疗的作用，构建"社区卫生站—社区卫生服务中心—专科、综合医院"的分级诊疗体系，发挥医疗保险的经济杠杆作用，参保患者若需住院，应首先在一级定点医疗机构就诊，若确有需要，则逐级上转。②提升医疗设施冗余度。根据《社区生活圈规划技术指南》的要求，仅有人口多、半径大的品质提升类社区有资格配置社区卫生站，应争取所有社区均设置社区卫生站，通过加强基层医疗人员配备，完善应急医疗物资储存，同时将社区医疗设施建设与社区规划有机结合，充分利用生活圈内的公园广场、街头绿地、学校商店布局应急医疗网络，提升医疗设施冗余度。

5.4.4　补齐短板，筑牢老旧社区健康保障压舱石

1. 多元协同：强化多元治理，提高社区组织能力

为提高社区治理水平与组织能力，本书提出以下建议。①坚持多元治理，激励各级主体参与社区治理。一方面，应当构建多元平等互动的协商平台。社区治理应当由多元利益主体共同参与，社区既有居委会、居民等利益主体，还有各类社会组织、个体商业户等利益主体，各类利益主体的诉求往往并不统一，因此要通过协商民主建设，将不同利益主体置于同一对话平台，充分回应协调各类主体利益需求。另一方面，要激发居民的治理动力。要通过利益联结机制，加强居民之间、居民与居委会之间的沟通、交往、信任。例如在老旧社区更新中，在规划设计阶段可以调动居民积极参与，建言献策；在实施阶段，应当鼓励居民全程参与，监督管理；在验收阶段应突出居民参与验收的原则；在维护保障阶段应当健全多元参与、长效管理机制。②做好矛盾化解，构建和谐家园。一方面，老旧社区内弱势群体较多，社区应当正视各类利益主体诉求、畅通居民申诉渠道、完善补偿机制，做好即诉即办、未诉先办。另一方面，应当形成物业管理制度化，化解社区硬件矛盾。老旧社区大多建成环境较差，物业管理尤为重要。要形成住建部门负责、街道协管、社区居委会与居民监督的物业监管与问责制度，并且引入第三方开展物业评估，进一步

提升物业管理专业化、现代化水平。老旧社区多元主体改造全周期示意图如图5-22所示。

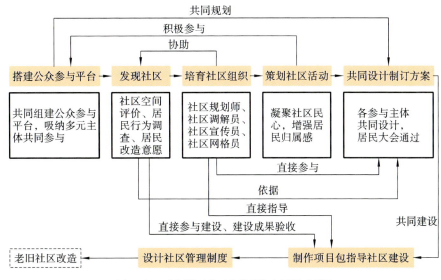

图 5-22 老旧社区多元主体改造全周期示意图

（来源：作者自绘）

2. 弱势群体：关注弱势群体，完善应急救助能力

社区中的弱势群体是指孤寡老人、残疾人、低收入人群等，是社区工作中应重点关注扶持的对象。老旧社区内老年人比例显著高于新建社区，他们大多出行不便，获取信息的渠道较少，因此老旧社区更需要关注弱势群体，完善社区应急救助体系。本书从以下几个方面提出建议。①配齐养老服务、老年人活动中心等健康设施，完善适老化、无障碍基础设施。②制订紧急状况下弱势群体救助预案。由于社区弱势群体往往存在行动能力较差、经济基础薄弱的情况，在紧急状况下，他们往往缺乏逃生、自救能力，且无法保障长期的生活需求，因此应当建立社区弱势群体数据库，在紧急情况发生时，能够快速准确地进行救助，给予一定的经济补贴，通过社区志愿者与街坊邻里提供送菜、送医服务，保障弱势群体基本的生活需求。

3. 公共空间：打造散点空间，增强设施吸引力

为了给老旧社区居民提供活动场地，打造散点空间，本书提出以下建议。①充分了解居民需求,邀请居民建言献策。结合老旧小区改造,通过调研问卷的形式,了解居民的日常活动需求,并邀请居民参与规划设计,在微型公共空间的选址、配套方面建言献策。②改造现有建筑,增设活动空间。对于社区内原有的大型建筑,我们可以通过增设庭院的方式,增加活动空间;对于原有的一层建筑,如果业主同意进行空间共享,我们可以补偿相应的面积,允许局部加盖二层(见图5-23)。③提升公共空间丰富度,多年龄段共同使用。老旧社区内公共空间相对有限,并且功能较为单一,因此应当在公共空间上进行功能复合。公共空间设计应当充分结合各年龄段人群的需求,比如安装老年人健身器材,布置儿童游玩场地,以提升空间的多样性与丰富性。

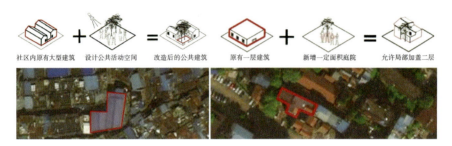

图 5-23　老旧社区建筑改造示意图

(来源:作者自绘)